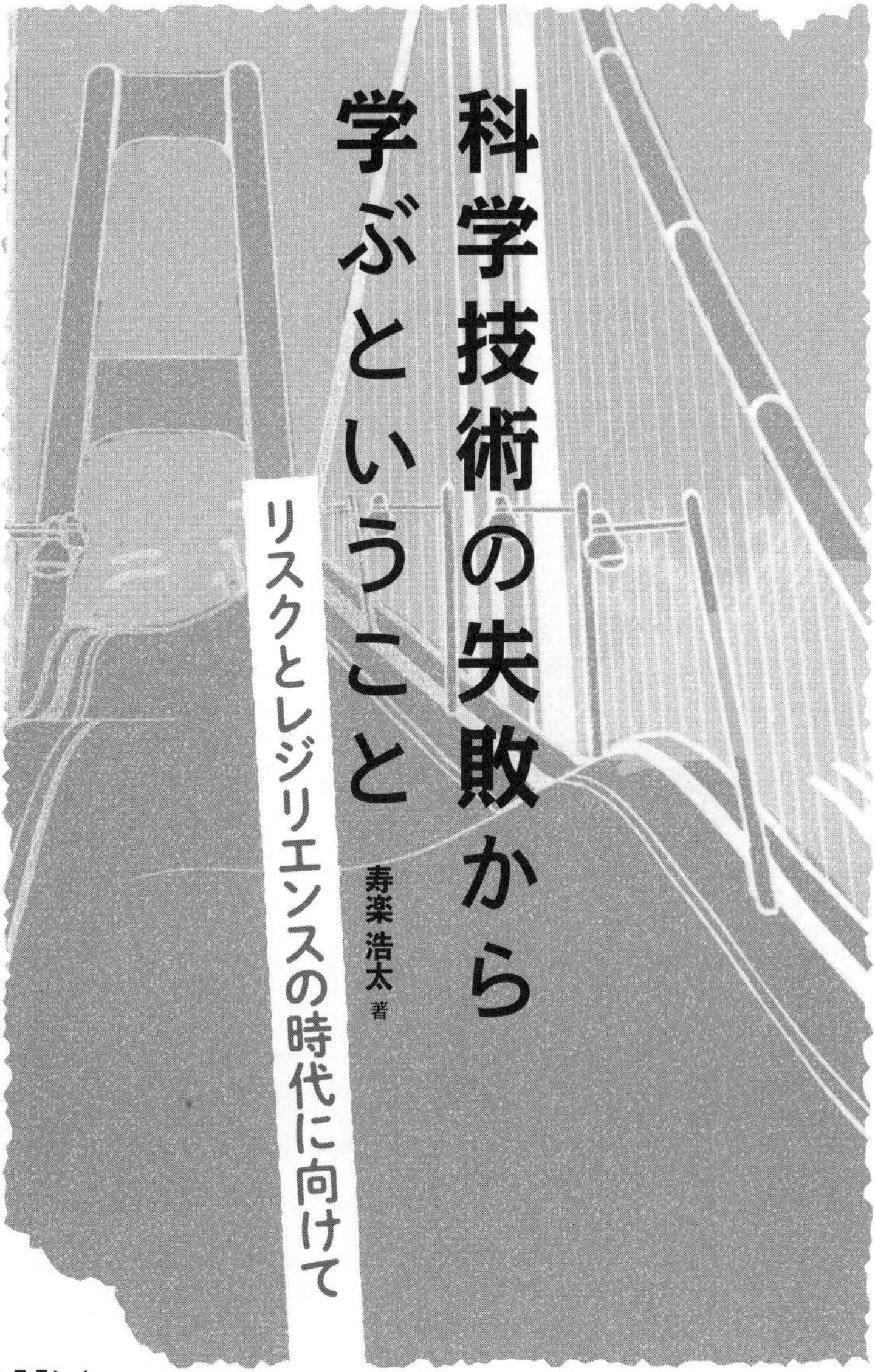

科学技術の失敗から学ぶということ

リスクとレジリエンスの時代に向けて

寿楽浩太 著

Ohmsha

はじめに

社会を揺るがすような大事故、大災害、あるいは経済の混乱や企業の破たん――。

私たちはその知恵と努力によってさまざまなことを可能にしてきた反面、後で「あの時、こうしていれば」という後悔をせずにはいられない出来事もまた、残念なことに少なからず起きるものです。多くの場合、それらは「覆水盆に返らず」です。起こってしまった結果を引き受けるしかないことのほうが多いでしょう。

しかし、そうした「失敗」を経験した私たちは、そこから「学ぶ」ことで、せめてその教訓を未来に活かそうとします。

とりわけ、科学技術の分野はまさに「失敗は成功の母」といった心意気で、過去の失敗から学ぶことで発展してきたとも言えます。失敗は確かに失敗ですが、私たちは「失敗から学ぶ」ことには成功してきたとも言えるのです。

本書を手に取られた多くの皆さんにはおそらく釈迦に説法ですが、科学技術は20世紀、特にその後半においてめざましい発展を遂げました。現代の社会、私たちの日々の生活はいまや、それらの網の目の上で繰り広げられていると言っても過言ではありません。

だとすれば「失敗から学ぶ」こともまた、その重要性を増すいっぽうであるように思われます。

機械工学の著名な研究者である畑村洋太郎東京大学名誉教授は、そうした「失敗から学ぶ」営みを

「失敗学」として体系化し、その意義や考え方、具体的な方法を広く社会に普及することを提唱しました。畑村の著書『失敗学のすすめ』（講談社、２０００）が世に出たのは20世紀の最後の最後、２０００年11月のことです。

それからほぼ20年。21世紀もその５分の１が経過しつつあります。

科学技術に関して、私たちはこの間さらに多くの失敗を経験しましたが、そこから学ぶことで、私たちはその分だけ賢くなり、失敗を繰り返さなくなっているはずです。

ところが、中にはそういう手応えを必ずしもはっきり持てない、あるいは全然持てないように感じている人はおられないでしょうか。近年を振り返ってみても、事故や災害はいよいよ頻発し、激甚化しているような印象さえないでしょうか。

私たちは本当に科学技術の失敗から学べているのか。もしうまくいっていない部分があるとしたらそれはなぜなのか。そういう問題点を乗り越える方法はないのか。

科学技術の社会学を専門とする筆者は、工学と社会科学の間を行き来しながら、工科系の大学における授業を主な場にして、学生の皆さんとそうした問いに取り組んできました。

本書はその経験を踏まえて、読者の皆さんとともに考える手がかりとなりそうな事柄を取り上げた10の章を通して、これらの問いについてできるだけ平易に、しかし同時に深く考え、答えを試みようとするものです。

本書を通して、技術者を志す若い人たちはもちろん、現代社会を生きる多くの皆さんとともに思索を深め、広げる機会となればと願ってやみません。

２０２０年早春

著者記す

目次

4 巨大技術の事故は防げないのか

7 原因究明か、責任追及か

日航機乱高下事故と機長の裁判

8

通勤電車の大事故は誰のせいなのか
組織の責任を問う難しさ　131

9

3・11複合災害の衝撃
レジリエンス・エンジニアリング論とは　143

1

タコマ橋とコメット
「失敗から学ぶ」サクセスストーリー

「失敗から学ぶ」というパラダイム

では早速、「失敗から学ぶ」ことのサクセスストーリーの例から話を始めましょう。

しかし、その前に「失敗」とは何を指すのかを最初に確認しておきたいと思います。『失敗学のすすめ』の中で、畑村は、失敗とは「人間が関わって行う一つの行為が、はじめに定めた目的を達成できないこと」を指すと述べています。人間にとって困った結果や不都合な結果をもたらす出来事であっても、人間が引き起こしたものではない場合は失敗とは言えないでしょう。

あるいは、人間が関わって起きた出来事が不都合を生じても、はじめに定めた目的とは関わりがなければ、それも失敗とは呼びません。

例えば、台風や地震などの自然災害は私たちにとっては災いですが、私たちが引き起こしているわけではありませんから、それ自体は失敗ではありません。しかし、そうした自然災害が起こることや、どのような被害をもたらすかについて、私たちはあらかじめ知っていますから、それを防いだり軽減したりする手を打ちます。いわゆる防災です。もしそれが期待どおりにうまく行かず、思ったよりも被害を出してしまえば、私たちはそのことを悔やみ、失敗だったと思うでしょう。

とはいえ、おおむね期待どおりに防災の効果はあったがそれでも自然の力は強大で、どうしても被害は少なからず出てしまった、それが悔やまれるという場合、もちろん私たちはこれを重く受け止めますが、それは「失敗」とはちょっと違うというのが畑村の定義の意味するところです。[1]

今から取り上げる二つの歴史的に有名な事例は、科学技術の失敗から学ぶことの大切さ、そしてそのために私たちが注意するべきことを雄弁に物語ります。どちらも『失敗学のすすめ』で、失敗から学ぶことの意義を教えてくれる事例として畑村が取り上げていたものです。いずれも、20世紀の半ばに起こりました。

「失敗から学ぶ」ことが実際に成果を挙げたことは「周到なやり方で失敗から学ぶことで科学技術を、そして社会を発展させる」という現代に至るまで広く受け入れられている考えに大きな根拠を与えていると言えるでしょう。[2]

新時代の合理化設計でつくられたタコマ橋

1940年7月1日、アメリカ、ワシントン州のタコマ市と対岸のキトサップ半島の間に「タコマ・ナローズ・ブリッジ」（以下、タコマ橋）が開通しました（5頁写真・図）。

アメリカではすでに、3年前の1937年には当時世界最長の吊り橋であった「ゴールデン・ゲート・ブリッジ」がカリフォルニア州サンフランシスコ市の近郊に完成・開通していました。全長が約

1　とはいえ、そう簡単には割り切れない面もあります。それについては第9章で議論することにしたいと思います。

2　もちろん、これらの二つの事例「だけ」がそういう考えを生み出したわけではありません。同じ時期には他の多くの出来事が「教訓を学ぶべき失敗」と見なされ、人々は実際に失敗から学んだ教訓を反映させようとしたはずです。これらの事例は、それが非常にうまくいった典型例であるというだけにすぎません。

２７００メートル、主塔間の距離[3]も１２８０メートルと空前の規模でした。アメリカには現代的な土木技術によって長大吊り橋をつくる技術と資金力があったのです。

他方、タコマ市とキトサップ半島の区間に橋を架けるという構想は、すでにその半世紀ほど前の１８８９年に提案されていたと言います。第一次世界大戦後、空前の経済発展を遂げつつあったアメリカにおいて、入り江が交通を阻んでいたこの地域では、橋の実現への願いが否応なく高まっていました。

しかし、タコマ橋にはゴールデン・ゲート・ブリッジとは異なる事情がありました。それは予想される交通量がずっと少なく、したがって橋の建設にかけられるコストもどうしてもずっと小さくならざるを得ないということです。タコマ橋も全長は１６００メートル、中央スパンは８５０メートルほどあります。十分に大規模な橋ですから、通常の設計をすれば、コストがかかりすぎてしまって橋は架けられないことになってしまいます。

それを解決したのが、当時のアメリカにおける橋梁設計の第一人者、L・モイセイフでした。彼は、当時の最新の理論に従い、橋げたの構造を大胆に簡素化しました。それでも十分な強度は確保できることが理論的に示されていたからです。橋げたが簡素な設計になって軽量化すれば、橋げたを吊るケーブルやそれらを支える主塔に必要な強度も下がり、部材を節約できます。コスト削減の効果があるのは明らかです。

もちろん、この構造簡素化の工夫は当時の理論に従って、あくまでも必要な強度は十分に確保した

タコマ橋の開通式（1940 年 7 月 1 日）

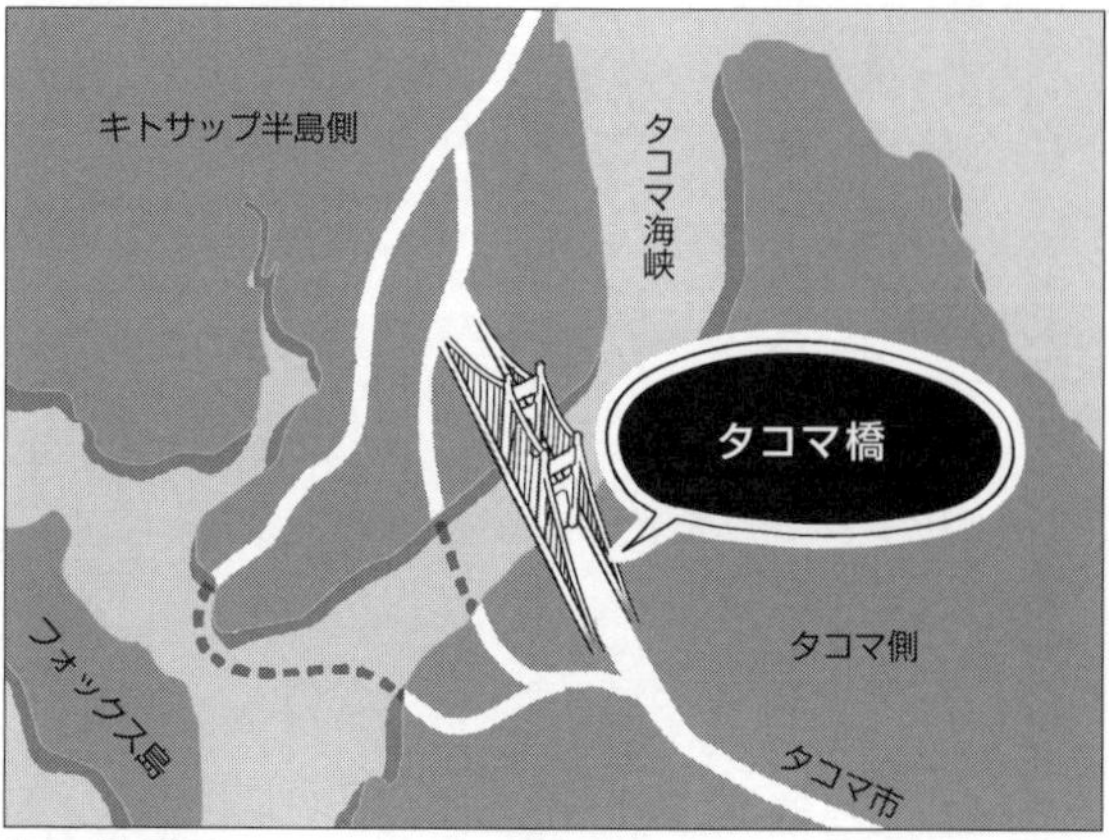

タコマ橋の地図
タコマ側と対岸のキトサップ半島側を陸路で結ぶことは地域の長年の夢でした。点線は架橋前の渡し船の航路

3 吊り橋を支える2本の塔のことを主塔と言います。主塔間の距離を中央スパン（中央径間）といい、吊り橋の規模を表すのによく用いられます。

範囲内で行われたはずでした。モイセイフが無理なコスト削減をしようと意図的に安全を損ねたということは、決してなかったのです。

モイセイフは地域の夢を合理的なコスト削減で叶えたのですから、ここまでであればまさに技術者の鑑とでも呼ぶべき手柄を立てたのでした。

タコマ橋の崩落

ところが、施工中からタコマ橋は横風で大きく揺れ、さらに橋げたがたわんだりねじれたりするなど、同時期までにつくられた他の吊り橋では見られない動きを示しました。その度合いは専門的に分析するまでもなく、誰の目にも危険と感じられるほどでした。橋にはいくつかの補強が加えられましたが、大きな改善は見られませんでした。

そして開通わずか4ヶ月後の11月7日、秒速19メートルの横風によってタコマ橋の橋げたは大きくねじれる揺れを示すようになり、揺れが1時間ほど続いた後、橋はあえなく崩落しました。幸い、橋は封鎖されていて人身被害はありませんでしたが（人が自動車や徒歩で通行できる程度の揺れではなかったので、当然とも言えますが……）、数十年来の地域の夢は入り江の藻屑と消えてしまったわけです。

時速19メートルという風の強さは、モイセイフが設計時に考慮した最大風速を大幅に下回っていました。事故後の検証でも、風が橋げたを押す作用だけを考えるのなら、モイセイフの設計は十分な強

タコマ橋の崩落

フラッター現象によってたわみねじれるタコマ橋

度を持っていたことが確認されており、また、「手抜き工事」のような施工上の不良も見つかりませんでした。

では、どうして橋はたびたび横風で大きく揺れ、そして崩落してしまったのでしょうか。

後の調査が明らかにしたのは、風は単に橋げたを「押す」だけではなく、空気力学的な、動的な力を及ぼしていたということでした。現在では、タコマ橋を崩落させたのはフラッター現象と呼ばれる、動的な空気力学的現象による振動だと推定されています。[4]

しかし、こうした空気力学的な現象が橋を崩落させるほどの作用を及ぼすことは、モイセイフ自身はもちろん、当時の橋梁工学では知られていなかった知見でした。つまり、モイセイフ１人が「ぬかった」のではなく、誰もがそのことに無知だったということです。

奇しくも空気力学は、この後さらに激化した第二次世界大戦を経て大きな発展を遂げます。各国が航空機をはじめとした飛翔兵器の開発に心血を注ぎ、研究が一挙に進んだからです。

終戦から5年後の１９５０年10月、新しいタコマ橋が開通しました。新しい橋には当然、空気力学的な負荷にも耐えられる工夫が加えられていました。具体的には、重量や風の影響に関わる投影面積の増加を最小限に留めながら三次元的な剛性を確保しやすいトラス構造を活用し、十分に補強された橋げたが用いられるようになったのです。

同様の工夫は、他の吊り橋にも一般的に用いられるようになりました。つまり、失敗から学んだことが、世界中が共有する知識となって、吊り橋の耐久性や安全の向上につながったのです。

英国海外航空（BOAC）のコメット Mk.I

コメットの連続墜落

個人の浅慮や勉強不足とは言いがたい理由による失敗は、戦争中の技術開発競争で生まれた他の技術分野でも見られました。

その典型例が、世界初のジェット旅客機である、イギリスのデ・ハビランド社製「コメット」の連続墜落事故の事例です。

正式な型式をＤＨ・１０６というコメットは、戦前から続くイギリスの名門航空機メーカーである同社が満を持して送り出した画期的な旅客機でした。プロペラを回して飛行する従来の飛行機と異なり、ジェットエンジンで推進し、従来機の約2倍の高度・速度で飛行できます。プロペラ機と

4　ただし、タコマ橋の崩落の事例は、技術と工学に関するもっと深い洞察を必要とするという指摘もあります。Ｈ・ペトロスキー『橋はなぜ落ちたのか　設計の失敗学』（朝日新聞社、２００１）がそれです。

比べると、エンジンが客室内に及ぼす振動などの快適性の面でも勝っていました。

ジェットエンジンはもちろん、機体のその他の部分にも、戦争中に同社が培った技術がふんだんに用いられた、まさに最新鋭の航空機でした。

イギリス政府は同社を強力に支援し、戦後もイギリスが民間航空の分野で主要な地位を占め続けるとともに、技術力を世界に誇示して、民間航空の分野がいわゆる国力の一翼を担うことを望んでいました。

1951年1月、コメットの量産初号機は英国海外航空（BOAC）に納入され、試験運航を開始します。翌年には営業運航が開始され、民間航空におけるジェット時代が本格的に幕を開けました。当時はまだ空の旅はきわめて高額で、ごく一部の人々にだけ許された特権でした。銀色に輝くコメットの姿は行く先々で人々の羨望の的となっていたのです。

ところが1954年1月、BOACに納入された量産初号機のコメット、つまり納入から3年しか経過していない機体が、ローマ空港を離陸後、突如、空中分解しました。乗員・乗客35名全員が亡くなりました。

最新鋭機に重大人身事故が発生したこと、しかもそれが突然の失踪であったことに、世界は騒然とします。パイロットから機体の不調を知らせる交信などは全くなく、事故空域の天候などの気象条件にも問題は見当たりませんでした。

コメットの飛行は一時中止され、他の機体の緊急点検が行われましたが、主要な原因をうかがわせるような異常は何ら発見されず、3月下旬には営業運航も再開されました。

ところがそのわずか2週間ほど後、1機のコメットが、同じようにローマ空港を離陸後しばらくして突如空中分解し墜落、乗員・乗客21名全員が行方不明となりました。こちらの機体は製造後わずか2年、飛行回数も900回に留まっていました。

なぜ、ほとんど新品同様に思える最新鋭機が、原因の心当たりもないのに立て続けに墜落するのか。疑心暗鬼は深まります。

当時の人々は意図的な破壊行為を疑いました。最新鋭機がわけもなく墜落するなど不自然だと考えたからです。折しも、当時はいわゆる東西冷戦が激化しつつあった時代でした。イギリスの足を引っ張ろうとする敵対国のスパイが爆弾を仕掛けたのではないか、といった陰謀説が飛び交いました。どちらの機体もローマ空港を離陸後に墜落したため、ローマ空港で勤務していた整備士が世論に疑われる、といったこともあったそうです。

「金属疲労」に関する学び

危機感を募らせた時のチャーチル首相は、国を挙げた徹底的な調査を命じます。海軍を動員して大捜索を行い海底に沈む機体の残骸を回収させたり、ＲＡＥ（英国王立航空研究所）などの専門家を事

イギリスのチャーチル首相（当時）

故調査に協力させたりと、大がかりな措置を立て続けに講じました。[5]

残骸の調査結果は「金属疲労」という現象の関与を強く示していました。他方、爆発物が爆発したとすれば存在するはずの痕跡は見出されませんでした。

「金属疲労」とは、金属に繰り返し負荷がかかると、もろくなって強度を失ってしまう現象です。[6]

調査はコメットで起きていたこの現象に対して、当時の金属工学的な知見が不足していたことを明らかにしました。

コメットは高高度を飛行するため、与圧といって、機内の気圧を機外よりも高くする設計になっていました（これは現代のほとんどの旅客機も同じです）。しかし、そうすると、機体が一度離陸して上空を飛行し、再び降下

5　実はチャーチル首相は、戦時中すでに戦後のことを見越した新型航空機開発を後押ししていた1人でした。せっかく首尾良く完成したコメットの栄光が失われることには、ただならぬ危機感を持っていたのでしょう。

6　単に引っ張ったり押したりしても破損しない金属も、同じ場所を繰り返し折り曲げるなどすればあっけなく壊れてしまうことは、皆さんもご存じでしょう。

2 機目の墜落後に行われたコメットの与圧試験の様子
U.S. FAA（米国連邦航空局）ホームページ
コメットの実機を巨大な水槽に入れ、機内に水をさらに注入したり抜いたりして、実際の飛行と同じ負荷を繰り返しかけました（上）。実験は 24 時間体制で行われましたが、設計よりも大幅に少ない回数で機体が破損してしまいました（下）

して地上に戻るという1サイクルごとに、機体に膨らむ力がかかり、それが再びしぼむということになります。この動きは機体の材質である金属に疲労を引き起こします。

したがって、機体はこうした繰り返し負荷に耐えられる強度を持つ必要があります。

そこで、コメットの生産の際には、実機を用いた与圧試験（実際に機体に圧力をかける負荷試験）が行われ、1万8000サイクルの与圧負荷に耐えることが確認されていました。ところが、最初の事故機は約1300回、2番目の事故機は約900回の飛行の後に、機体が与圧負荷に耐えきれずに破壊されてしまいました。

また、事故調査の中で、他のコメットの機体を水槽に入れて、実際の飛行と同様の負荷を繰り返しかける実験を行いましたが、これも約1800サイクルで破壊が生じました。

何が大きな差をもたらしたのでしょうか。

調査でわかったことは、機体にかかる負荷の大きさと順序が、金属疲労のメカニズムには深く関わっているということです。生産前の試験では、一定の間隔で、実際の通常飛行でかかる負荷の2倍の負荷をかけた回がありました。同じ負荷を繰り返しかける耐久試験に加えて、安全のため、実際よりも大きな負荷をかける耐圧試験も必要だったからです。実は、こうした大きな負荷を途中でかけると、繰り返しの負荷によって生じた疲労亀裂（金属疲労によって生じるヒビ）の成長がいったん止まり、寿命が延びることが明らかになったのです。したがって、そうした試験で得られた「1万8000サイクル」という耐久性能は、実際には過大評価だったことになります。

また、こうした現象は、負荷が集中する窓やドアといった開口部の角の部分で特に顕著に生じることも判明しました。そうした角の部分への負荷の集中の度合いも、それ以前に技術者たちが考えていたよりも、ずっと大きなものだったのです。このため、生産前の試験で得られた耐久サイクル数と、現実に事故が起こるまでの飛行サイクル数に大きな開きが生じたのです。

こうした知見はもちろん、コメット以降の旅客機の設計や審査の際に活かされました。負荷試験のやり方はもちろん、負荷の集中を避けるために、窓やドアの角を丸くするのも一般的になりました（現代の航空機も、窓やドアは真四角ではなく、角が丸めてありますね）。

未知との出会いとイノベーション

この章で見た二つの事例ではどちらも、わかりきっていた問題に目をつむってしまったとか、よく考えれば気付くだけの知見や情報はあったのに、それを見過ごしてしまったということではなく、世界中でまだ誰も明らかにしていなかった自然の仕組みが関係して、私たちがつくった技術が失敗し、事故という結果につながりました。

つまり、私たちはそれまで知らなかったことと出会ったのです。畑村は『失敗学のすすめ』の中でこれを「未知」と呼び、自分が知らなかった、気付かなかっただけ、という意味の「無知」と区別しました。

タコマ橋よりも前につくられたゴールデン・ゲート・ブリッジは、80年以上を経た現在も使用されており、タコマ橋のような事故を起こしていません。しかしそれは、タコマ橋の崩落で明らかになった空気力学的な問題を「知らずに」成し遂げられたものです。長年にわたって人類が吊り橋をつくってきた経験を踏まえて橋を建設したことが、結果的に正しかった、安全側に作用したと見るべきです。もちろん、それ自体は悪いことでもおかしいことでもありませんが、ゴールデン・ゲート・ブリッジの「成功」からは、私たちは空気力学上の新しい知見は得られなかったことに注意しなければなりません。

あくまでも、理論的には他の問題がないはずのタコマ橋が、揺れ、ねじれ、崩落してしまったからこそ、私たちは長大吊り橋と空気力学の間のきわめて重要な関係に気付き、未知の事柄を「既知」（すでに知っていること）にするきっかけを得たのです。

また、コメットの事例では新たな技術であるジェット航空機の技術が、頻繁な離着陸を伴う旅客機の分野に適用されたことで、金属疲労の未知だった特性が明らかになりました。この事例は未知の事柄について徹底的に調べることの大切さを教えてくれます。

戦争を経て発達したジェット機技術の旅客機への適用は、誰もが思いつくことです。イギリスが、あるいはデ・ハビランド社が仮に一番乗りでなかったとしても、誰かがやっていたことでしょう。そして、同じ問題に直面した可能性はあります。しかし、コメットの事例が70年以上後の現代でも肯定的に取り上げられるのは、イギリスが国を挙げてその本当の原因を徹底的に調査し、その結果得られた新たな知見を秘密にしたりせず、広く公開したからです。

また、この事故の調査の際には、さまざまな新しい技術や手法も試みられました。海軍の捜索ではソナー（音波探知機）、ビデオカメラ、潜水カプセルといった新技術が用いられましたし、事故調査委員会の調査では、残骸を極力元どおりに復元して並べたり、遺留品の壊れ方や回収された位置を手がかりにしたりして、機体の破壊の経緯を推定する手法が用いられるなどしました。

さらに、金属疲労による破壊といっても、その際に与圧されていた空気の噴出が（爆発物などがなくとも）本当に機体を大きく損壊し、搭乗者に致命的な負傷をさせるかどうかを実験で確認するために、現物と同じように製作し、上空での与圧と同じ圧力差まで加圧したミニチュア模型を破裂させて、その様子をこれまた当時の新技術である高速度カメラ[7]で撮影して様子を分析する、といったことも行われました。

前例がない取り組みを完遂するために、当時最新鋭の技術と、第一線の専門家の知恵がふんだんに投入されたのです。

このように、「徹底的な調査」にはさまざまな新技術が惜しみなく投入され、当代一流の専門家たちが知恵を絞り、前例のない「ジェット旅客機の突然の全損事故」、つまりほとんど手がかりの得ようがないと思われた事故の真実を明らかにしたのです。

最初のコメットが墜落した際には、関係者はその原因が完全に明らかではないと知りつつも、当時の知見がもたらす「常識」に則った点検をしただけで、他のコメットを空に戻しました。その結果、

7　いわゆる「スローモーション」を撮影できるカメラです。

もう1機の機体と21名の人命を失ったのです。その後悔が、彼らを徹底的な調査へと導きました。

このように「未知」の原因による失敗から学ぶということは、きわめて積極的で、先進的、そして建設的な営みです。それはまさに「イノベーション」であると言ってよいでしょう。

ただ、失敗から学んでも……

とはいえ、やはり失敗には負の側面があります。

まずは何より、被害の問題があります。コメットの場合は言うまでもありません。あわせて60名近くの人命が失われました。原因が明らかになり、私たちがより賢くなって、もう同じようには壊れない航空機がつくられたとしても、犠牲になった方々が帰ってくることはないのです。

そして、被害はさまざまな余波を生みます。

連続墜落事故によって飛行許可（「耐空証明」と言います）を得られなくなったコメットには、改良型が準備されましたが、その間に、ライバルのアメリカのボーイング社がずっと大型で、航続距離の長い新型ジェット旅客機（ボーイング７０７）を用意します。コメットの改良型の再就航は、ちょうどそれとほぼ同時の１９５８年10月にずれ込みました。

安全面ではいまや過去の失敗を克服したコメットですが、最初の空中分解事故から約5年間の間に世界の民間航空市場は大きく成長し、コメットの客室座席数や航続距離は航空会社のニーズから見る

コメットに代わって商業的に大成功した、ボーイング 707-120 型機

コメットとライバル機ボーイング 707 型の性能の比較

	デハビランド・コメット	ボーイング 707
初飛行	1949 年 7 月	1957 年 12 月
運用開始	1952 年 5 月（Mk.I） 1958 年 10 月（Mk.IV）	1958 年 10 月
乗客定員	36/44 人（Mk.I） 56/71/79 人（Mk.IV）	189 人（1 クラス配置）
航続距離	2,415 km（Mk.I-1） 6,900 km（Mk.IV-4C）	8,704 km（707-120B） 10,650 km（707-320B）

（各種資料をもとに筆者作成）

とすっかり時代遅れになっていました（前頁表）。

また、まさにコメットの事故調査結果、原因に関する事実を公開にしたがゆえに、与圧負荷による金属疲労の問題については、ボーイング社も同等か、それ以上の対応をすることができました。安全性の向上はコメットの十分なセールスポイントにはならなかったのです。

さらに、「コメット」という印象的な愛称の旅客機が鮮烈にデビューし、そして立て続けに事故を起こして人命を奪ったことを、世界の人々は忘れませんでした。いくら改良型だと言っても「コメット」は乗客に敬遠される恐れがあり、それは当然、航空会社が購入をためらう理由の一つになりました。

戦争をまたいで名門として名高かったデ・ハビランド社は主力商品を失い、経営が悪化します。1959年に他社に買収され、40年弱の歴史に幕を下ろしました。また、チャーチル首相の悲願であった、航空先進国としてのイギリスの地位も、アメリカに譲り渡されることとなりました。ボーイング707型機はベストセラーとなり、その後も同社やアメリカの他のメーカーが市場を席巻することとなります。

失敗のもたらすこうした負の側面が、私たちがどうしても「失敗」を否定的に捉え、それを忌避しようとする大きな理由となるのです。

ベストセラーであり、かつジェット旅客機の象徴ともなったボーイング747型機（通称ジャンボ・ジェット）。写真は同社工場での初公開の様子（1968年）

進歩の時代と失敗からの学び

とはいえ、科学技術が飛躍的に発展した20世紀後半においては、その失敗からきちんと学ぶことを繰り返すことが、「進歩」をもたらすものとして肯定されていたのは否定できないと思います。

コメットを例に挙げた航空分野では、事故も繰り返されましたが、そこからの学びのサイクルも定着し、航空機の安全性はどんどん向上していきました。事故から学ぶプロセスが「事故調査」として制度化され、法律に基づいて各国で整備されていったのもこの時代ですし、事故調査に有用な情報をもたらす手法の改良も進みました。

後の章で触れますが、航空機が万一の事故に遭い、乗員や乗客が仮に生還できなくとも、なんとかその機体に起こった出来事を正確に知り、再発防止につなげるための「ブラックボックス」という装置が開発され、搭載されるようになったのもその一環です。

失敗の負の側面は否定しがたい、打ち消しがたいものですが、だからこそ、せめてそこからきちんと学んで、よりよい技術、より安全な社会を実現しようという考えには強い説得力があったのです。ところが、時代が下るにつれて、多くの「失敗から学ぶ」ことの事例が積み上げられる一方で、「失敗から学ぶ」サクセスストーリーに疑問符を付けるような事例も現れはじめます。

以降の章では何が「失敗から学ぶ」ことをややこしくしはじめたのか、そしてそのことに対しどのように対処し得るのかを考えていくことにしましょう。

【参考資料】

広く一般の方にも勧められる書籍

畑村洋太郎：『失敗学のすすめ』、講談社（２０００）

畑村洋太郎：『だから失敗は起こる』、ＮＨＫ出版（２００７）

畑村洋太郎：『失敗学実践講義　文庫増補版』、講談社（２０１０）

畑村洋太郎：『最新図解　失敗学』、ナツメ社（２０１５）

中尾政之：『失敗百選　41の原因から未来の失敗を予測する』、森北出版（２００５）

中尾政之：『続・失敗百選　リコールと事故を防ぐ60のポイント』、森北出版（２０１０）

中尾政之：『続々・失敗百選「違和感」を拾えば重大事故は防げる——原発事故と〝まさか〟の失敗学』、森北出版（２０１６）

ウェブ上で読める一般向けのもの

「タコマ橋の崩壊」、http://www.shippai.org/fkd/cf/CA0000632.html、失敗知識データベース（参照２０２０年２月）

「ジェット機コメットの空中分解」、http://www.shippai.org/fkd/cf/CB0071012.html、失敗知識データベース（参照２０２０年２月）

「タコマナローズ橋」、https://ja.wikipedia.org/wiki/タコマナローズ橋、Wikipedia（参照２０２０年２月）

「コメット連続墜落事故」、https://ja.wikipedia.org/wiki/コメット連続墜落事故、Wikipedia（参照２０２０年２月）

一般向けのテレビ番組

「衝撃の瞬間――コメット墜落の謎」、ナショナル・ジオグラフィック・チャンネル（２００６）

より詳しく知りたい方へ

H・ペトロスキー：『橋はなぜ落ちたのか　設計の失敗学』（中島秀人・綾野博之訳）、朝日新聞社（２００１）

“Tacoma Narrows Bridge（1940）”、https://en.wikipedia.org/wiki/Tacoma_Narrows_Bridge_(1940)、Wikipedia（英語版）（参照２０２０年２月）

“BOAC Flight 781”、https://en.wikipedia.org/wiki/BOAC_Flight_781、Wikipedia（英語版）（参照２０２０年２月）

2

機体が言うことを聞かない！
何が最新鋭機を墜落させたのか（1）

魔の2分間

１９９４年4月26日夜、当時最新鋭のハイテク旅客機が台湾の台北から名古屋空港（当時）に向けて飛行していました。台湾の航空会社、中華航空の１４０便、使われていた航空機は１９９１年に製造・納入されたエアバスＡ３００-６００Ｒ型です。機体はすでに名古屋空港の滑走路に向けて最終的な着陸態勢に入っていました。当日の天候にも、機体の状態にも何の問題もありません。5分後には誘導路を走行してゲートに向かっている、そんな場面でした。

ところが、機体は着陸前のわずか2分弱の間に突如、飛行が不安定になり、急上昇に転じた後に一挙に失速。真っ逆さまに滑走路脇に墜落して炎上しました。

乗員・乗客２７１名のうち、２４９名の乗客と15名の乗員のあわせて２６４名が犠牲となりました。わずかに助かった7名の方々のいずれも重傷を負いました。

２０２０年2月の本稿執筆時点でも、この事故は日本で発生した航空事故としては2番目に犠牲者の数が多い大事故となっています[8]。

何も問題がなかったはずの空の旅が、なぜ着陸を目前にして暗転してしまったのでしょうか。「魔の２分間」の謎が深まりました。

「着陸やり直し」の謎

すぐに事故調査が行われ、原因が検討されました。ところが、気象条件にも機体の状態にも、明らかに飛行に支障をきたすような問題はすぐには見当たりませんでした。

管制官との交信記録や管制官への聞き取りから、事故機は墜落前の最後の局面で着陸のやり直しを連絡してきていたことがわかりましたが、理由は不明でした。また、その際に切迫した様子ははっきりとはうかがえなかったと言います。

機体の状態の調査ではそもそも、着陸のやり直しを失敗させるような故障も発見されていません。急な気流の変化など、気象条件の問題がないならば着陸をやり直させるような機体の故障の最たるものはエンジンの故障と疑われましたが、2基のエンジンはどちらも、墜落の衝撃やその後の火災では破損していたものの、動作中に壊れた痕跡はなかったのです。

つまり、理由が何にせよ、着陸をやり直そうと思えば、十分安全に行える状況にあったとしか思われません。いったい何が起こったのでしょうか。

8　もっとも犠牲者が多かったのは、1985年8月12日に墜落した日本航空123便墜落事故（日航ジャンボ機墜落事故）で、乗員・乗客あわせて520名の方が亡くなりました。

2名のパイロットでの運航を可能にした、エアバス A300-600R 型機

事故現場に散乱した機体の残骸
出典：運輸安全委員会ホームページ
（「航空事故調査報告書（96-5-B1816-06.pdf）」（運輸安全委員会）を加工して作成）

ブラックボックスが記録した「ミス」

「着陸やり直し」の謎はその後のさらなる調査で明らかになりました。この時期の航空機には、前章で述べたコメットと違って、飛行状態に関するさまざまな設定や数値を記録する「フライト・データ・レコーダー」や、操縦室での会話をすべて記録する、「コックピット・ボイス・レコーダー」が装備されていました。これらの装置は通称「ブラックボックス」とも呼ばれます。

ブラックボックスは航空機の運航中は常にデータを記録し続け、万一の事故で停止すると、その前のしばらくの間のデータが残ります。入れ物は頑丈につくられ、墜落の衝撃や火災の熱、水没などにも相当程度、耐えられるようになっています。ですからこれらを回収できれば、乗員・乗客が残念にも命を落としても、その航空機の最後の状況をうかがい知ることができるのです[9]。

ブラックボックスの分析で明らかになった原因、それは気象条件でも飛行機の故障でもありませんでした。一般的な言い方をすれば、「パイロットのミス」だったのです。しかしその「ミス」の内容は私たちに多くのことを考えさせるものでした。

最初の「ミス」はまさに「魔の2分間」の最初に起きました。

9　ちなみに「ブラックボックス」と呼ばれるものの、これらの機器は実際には目立つ赤系の色の塗料で塗られています。言うまでもなく、事故現場から発見されやすくするためです。なお、現在のブラックボックスには発信器も組み込まれており、捜索が難しいケースでも発見が少しでも容易になるように工夫されています。

エアバスA300-600R型は機長と副操縦士の2名のパイロットで運航できる機体です。[10]この日は40代の機長と、20代の副操縦士のコンビで運航されていました。機長は経験の浅い副操縦士に習熟の機会を与えようと、着陸の操縦を担当するように命じます。機長は管制との交信や計器類の確認などを担う補助役に回りました。このこと自体は何もルールに抵触しませんし、世界中の航空会社で日常的に行われていることです。

ところが、副操縦士は「ゴー・レバー」と呼ばれる、着陸やり直しの操作を補助する自動操縦のモードをオンにするレバーを誤って操作してしまったのです。「ゴー・レバー」は着陸の際にパイロットが手をかけているスロットル・レバー（自動車のアクセルペダルに当たる、エンジンの出力を調節するレバー）の手元に装備されていました。もしかすると緊張のために力んで、触れてしまったのかもしれません。

これにより、機体は自動操縦装置の「着陸やり直しモード」の動作によって上昇方向に誘導されることになりましたが、それはもちろん、着陸を継続したいパイロットたちの意思には反します。

着陸やり直しは着陸の操作の最中に必要に応じてとっさに実行しなければならず、かつ、比較的難易度（それは事故のリスクとも関係します）も高い操作です。そこで、設計者は自動操縦によっていつでも着陸やり直しを支援できるように、そしてそれによって事故のリスクを下げるために、ゴー・レバーをスロットル・レバーの手元に配置したのでした。設計者の配慮が、不幸にも最初のミスを誘発してしまったとも言えます（左頁写真・図）。

それまでの航空機は機長、副操縦士、航空機関士の3名で運行するのが一般的でした。1980年代になると、コンピューター制御を大きく取り入れることで操縦士の運航業務を支援し、機長と副操縦士の2名だけで運航できる機体が現れます。エアバスA300-600R型はその先駆けの一つです。

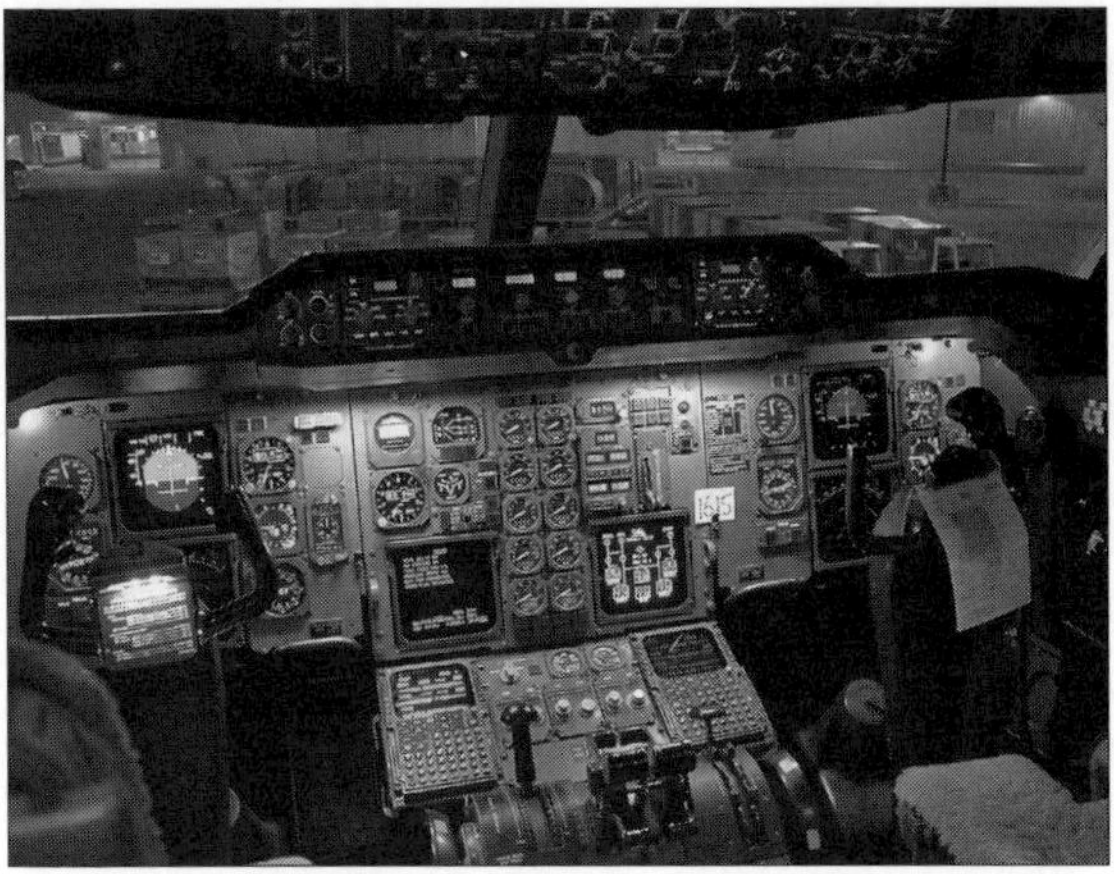

コンピューター支援を活かして計器類を減らし、代わりに画面表示を導入したエアバス A300-600R 型機のコックピット。写真中央下部にスロットル・レバーが見える
出典：John Padgett - Airliners.net

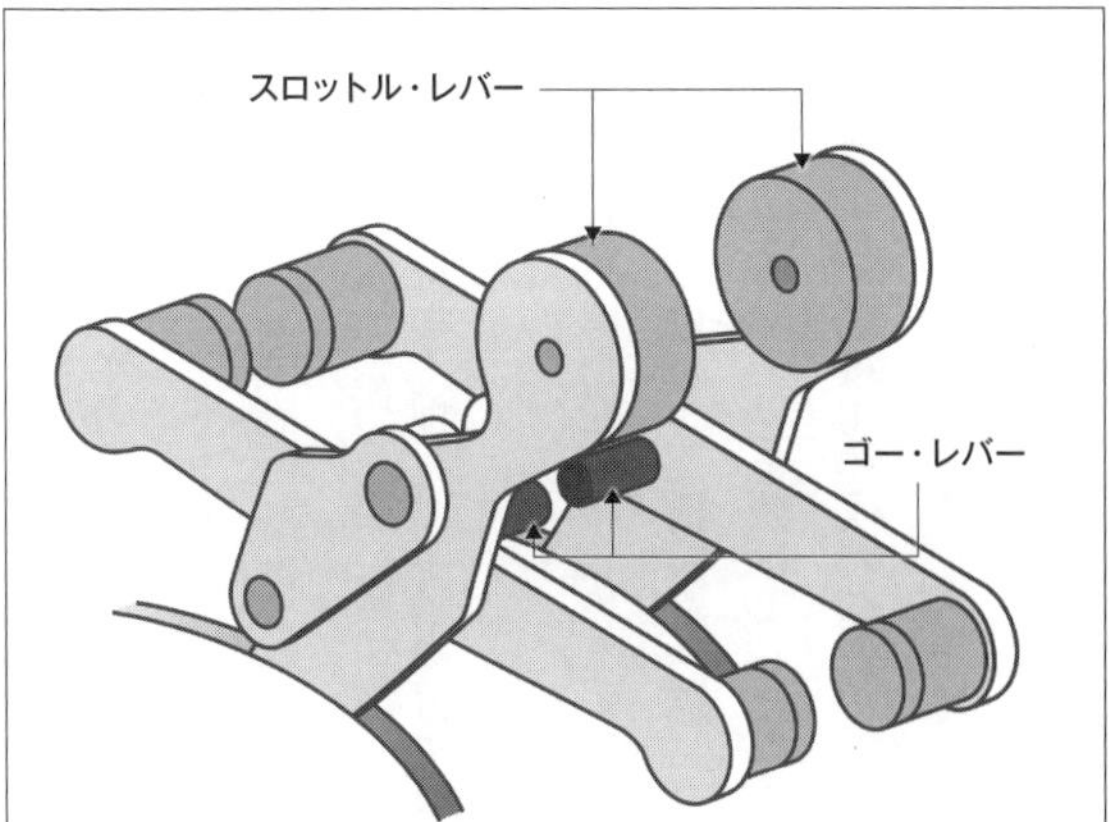

スロットル・レバーとゴー・レバーの概略図
出典：吉田伸夫「科学と技術の諸相」
(http://www005.upp.so-net.ne.jp/yoshida_n/index.htm)

言うことを聞かない機体

でも大丈夫、当たり前ですが、着陸やり直しモードに入ってしまったことには気付いていましたから、それを解除すればいいだけです。そうすれば、機体は元のとおりに下降をはじめ、安全に着陸できます。

ところが、次のミスはその解除方法に関係していました。結局、副操縦士も機長も、着陸やり直しモードを正しく解除できなかったのです。

彼らは自動操縦装置のモードを切り替えようとしたり、操縦桿を強く押して手動操縦で機体を下降させようとしたりしましたが、いずれも功を奏しませんでした[11]。

予期に反して航空機が言うことを聞かないことにパイロットたちは動揺しはじめます。

最初は副操縦士に「もっと操縦桿を強く押せ」と指示を与えるだけだった機長も一緒になって一生懸命、操縦桿を押しますが、機体は機首を下げることはなく、さらに上昇を続けようとします。ついにはエンジンも突然出力を増しはじめ、機体は急上昇。あまりの急角度での上昇のため、機体は高度約500メートルほどで失速(揚力を失って飛行を続けられなくなること)し、墜落してしまったのです。

事故調査によってわかったことですが、実は、事故機の自動操縦装置は、パイロットたちが降下の操作を加えるのに反発して、最大限機体が上昇するように制御しようとしていました。34頁の下の図にあるように、パイロットが操縦桿で直接操作する昇降舵が機首下げいっぱいに操作されると、自動操縦装置は水平尾翼の前半部分の水平安定板を機首上げ方向いっぱいまで動かしていました。このため、空気力学的な安定性が低下して機体が不安定になるとともに、より面積が大きい水平安定板の効果が勝って、機首を一気に持ち上げ、機体が急上昇することになったのです（次頁図）。

もちろん、パイロットの意図からすると迷惑なことなのですが、コンピューターは結局、最後まで着陸やり直しモードに入ったままだったわけですから、設計どおりの動作をしたにすぎません。

エンジンが突然出力を増したのも、パイロットたちが機体の姿勢を回復する上では致命的だったのですが、コンピューター制御の安全機能が自動的に動作した結果だということが判明しました。その機能は、失速しそうな状況になると自動的にエンジンを吹かし速度と高度を回復するように設計されていました。これも失速が心配されるほとんどの状況では安全上、プラスの効果がありますから、それ自体は責められないものです。

しかし、機体が最大限上昇するように制御されたところで一挙にエンジンの出力を上げれば、急上昇が起きてしまいます。今回に限っては、結果的に最後のとどめを刺すような形になってしまいました。

11　一般に、航空機の操縦桿は前に押すことでその姿勢を下降に転じさせる動作をするように設計されています。かつての航空機では操縦桿は直接、昇降舵とワイヤーでつながっていて、押し引きすると昇降舵を上下に動作させられました。この事故の機種を含む現代の航空機では、直接機械的な接続はされておらず、電気的に接続されていますし、作動する部位も、必要に応じて昇降舵以外の装置が組み合わさって動作します。

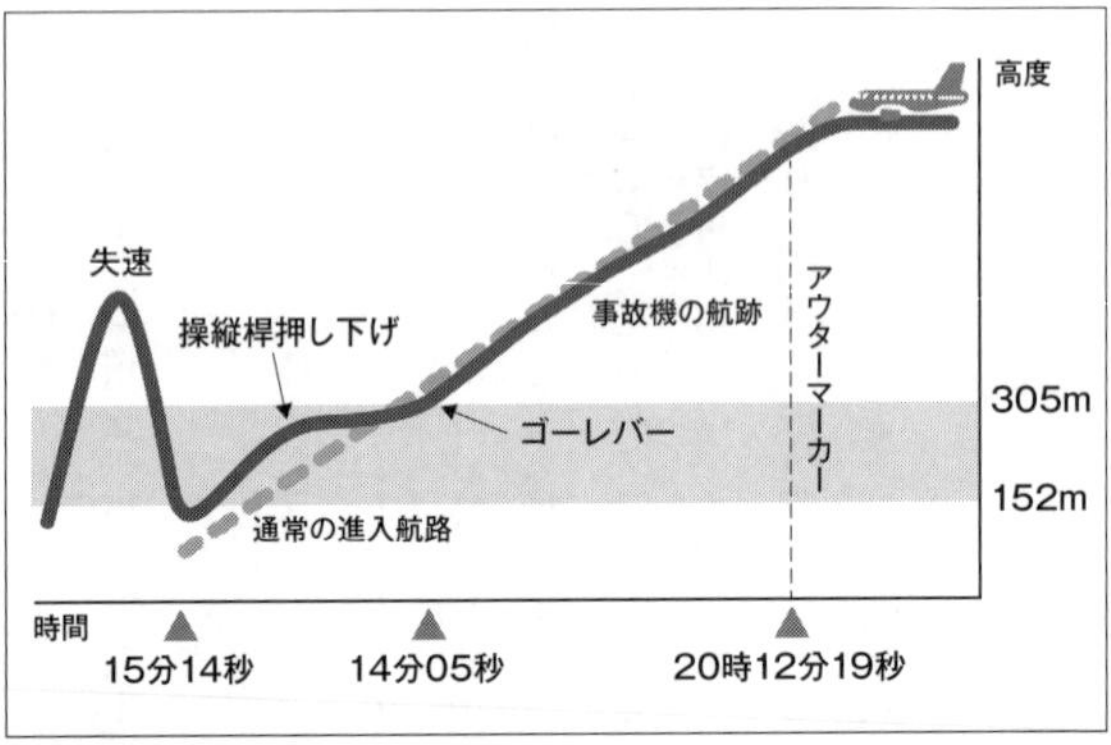

事故機のたどった経路
出典：吉田伸夫「科学と技術の諸相」
(http://www005.upp.so-net.ne.jp/yoshida_n/index.htm)

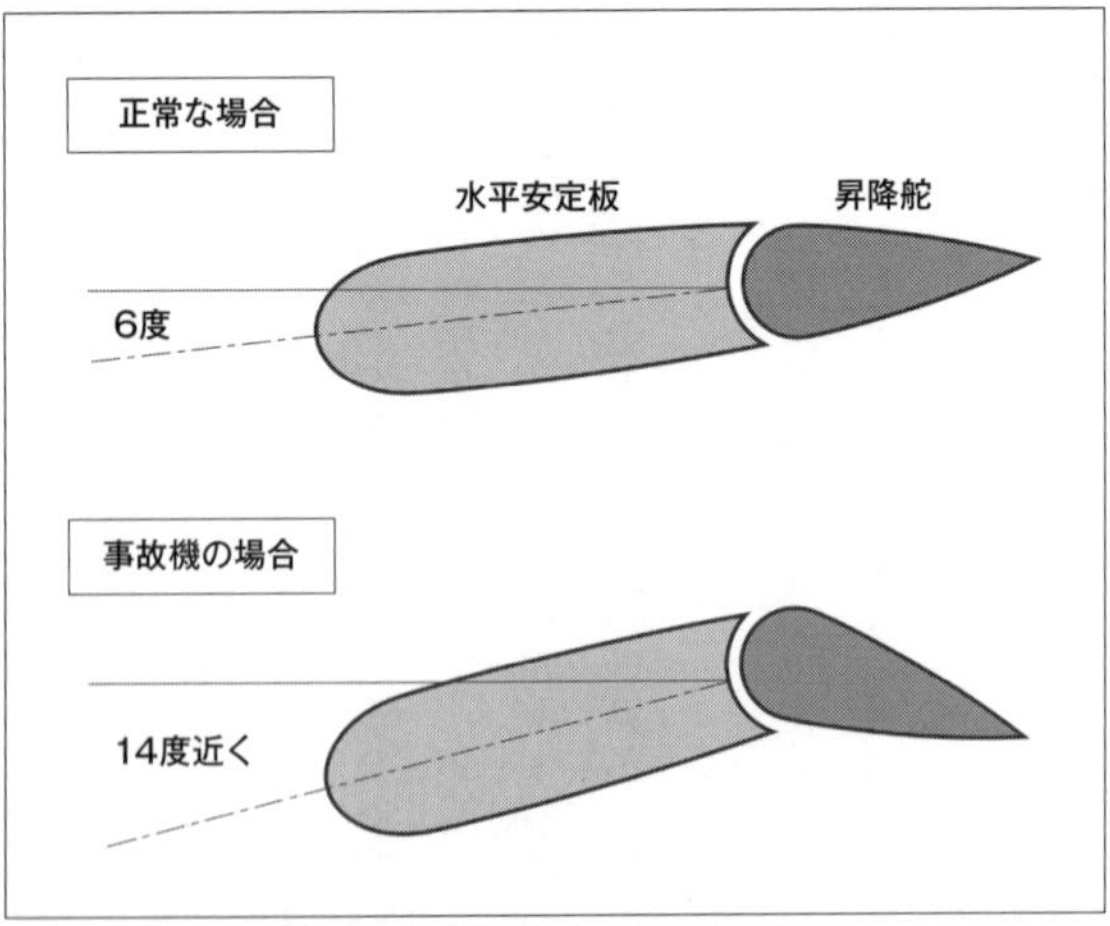

不安定な飛行と急上昇を招いた事故機の水平尾翼の作動状況
出典：吉田伸夫「科学と技術の諸相」
(http://www005.upp.so-net.ne.jp/yoshida_n/index.htm)

人間不信が生んだ落とし穴

ではなぜ、2人のパイロットはどちらも着陸やり直しモードを正しく解除できなかったのでしょうか。2人とも亡くなっていますから、本人たちには直接事情を聞けないわけですが、状況証拠は次のことを示していました。

それは、2人は操縦桿を強く継続的に押せば、いつでも自動操縦が解除されるはずだと思い込んでいた可能性が高いということです。

実際のところ、アメリカ製の航空機の自動操縦装置はそのように設計されていました（現在でもそうです）。思いがけない事態が生じた際には、いつでもとっさに人間が航空機の制御を自由に行えるように、という考え方です。

事故機の機長は十分な経験を積んだパイロットでしたが、以前はアメリカのボーイング社製の機種の副操縦士を務めており、そうした設計に慣れ親しんでいました。そして、エアバス機の機長となってからはまだ日が浅かったのです。副操縦士はまだ新人で、自身の経験が必ずしも十分ではなかった上に、事故の際には機長から繰り返し、操縦桿を押すように指示されていたことがボイス・レコーダーに記録されています。

ところが、ヨーロッパのエアバス社製の航空機は当時、アメリカ流の人間優先の発想とは異なる考え方で設計されていました。

それは、あえて単純化して言えば、人間はミスを犯すものであり、それをコンピューター制御によって防いだり正したりして、航空安全を向上させよう、というものでした。

着陸やり直しモードを使用する場面は、相対的なリスクが高いので安易な解除を許さず、コンピューターの制御で上昇を完遂する[12]、あるいは、パイロットが気付いていなくとも、エンジンを吹かし失速を未然に防ぐ。いずれも、あえて人間不信の設計をすることによって、安全を高めようとしていたのです。

この事故は、そうした考え方が裏目に出てしまった結果とも言えます。

セールスポイントとしての「さらなる安全」

前章で、コメットの事故の結果、イギリスの航空産業はアメリカの後塵を拝することになったことを紹介しました。それはフランスや、敗戦国として航空産業の振興が遅れていたドイツも同じでした。誰もが察するように、航空産業は国防・軍事に直結していますし、自動車産業などと同じように、裾野の広い製造業として、経済発展の上でも重要です。本来であれば、かつて列強として世界の覇を競った欧州諸国はそれぞれの国で強力な航空産業を持ちたかったのでしょうが、現実は全くそれにほど遠い状況で、ボーイング社を筆頭にアメリカのメーカーが市場を席巻する一方で、欧州諸国のメーカーは経営不振にあえいでいました。

機長が以前に乗務していたボーイング 747-200 型機

フランス、トゥールーズのエアバス社の工場
出典：Wikimedia Commons（CC BY-SA 4.0）

12

ちなみに、着陸やり直しモードにももちろん、解除の手順はありました。しかしそれは複雑で、直感的にパイロットが思いつくようなものではなく、マニュアルの正確な理解が必要でした。もし本当に解除が必要ならその手順を踏むか、あるいは、安全の観点からすれば、着陸をやり直してから次の手順に取り掛かるのが多くの場合は一番安全ですから、むやみに途中で着陸やり直しの動作を打ち切る必要はないはずだ、というのが設計者の意図だったと思われます。

そこでヨーロッパの国々は当時のアメリカの主力メーカーに対抗し、大きな市場となる中・大型旅客機の市場に改めて参入するべく、エアバスを共同して設立し、新型の旅客機を開発したのです。

その際にセールスポイントとしたことの一つが、「安全」でした。１９７０年代になると、コメットのような機体の構造に起因する事故や、エンジンなどの機器故障に起因する事故は継続的に減少していました。他方で、一般にはいわゆるパイロットの「ミス」と目される、ヒューマン・エラーによる事故がいよいよ目に付くようになっていたのです。

アメリカの主力メーカーはすでに、航空会社と強固な関係を築いています。航空機は保守、訓練なども含めたビジネスです。安全性も含めて、実績がものを言います。一度あるメーカーを選ぶと、航空会社はなかなか他社の機種への変更を行いません。乗り換えの営業をするのは容易ではないのです。

そこでエアバス社は、大胆なコンピューター制御の導入によって、従来にはないレベルでヒューマン・エラーを防止し、安全性を大きく向上させられると示すことで、そうした壁を乗り越えようとしたのです。

とはいえ、皆さんは次のように思われるかもしれません。

「そうは言ってもとっさのときに人間に操縦を返してくれないなんてあんまりだ。今度はコンピューター過信になっただけではないか」

しかし、そう決めつけるのは次章でさらに20年ほど前の事故の例を見てからでも遅くないかもしれません。

航空機は保守・訓練などを含めたビジネスであり、メーカーと航空会社の結びつきが強い

【参考資料】

ウェブ上で読める一般向けのもの

「名古屋空港で中華航空１４０便エアバスA３００‐６００Rが着陸に失敗炎上」、http://www.shippai.org/fkd/cf/CA0000621.html、失敗知識データベース（参照 ２０２０年２月）

「中華航空１４０便墜落事故」、https://ja.wikipedia.org/wiki/ 中華航空140便墜落事故、Wikipedia（参照２０２０年２月）

より詳しく知りたい方へ

「航空事故調査報告書　中華航空公司所属　エアバス・インダストリー式A３００B４‐６２２R型B１８１６　名古屋空港　平成６年４月26日」、運輸省航空事故調査委員会（１９９６）
https://jtsb.mlit.go.jp/jtsb/aircraft/download/bunkatsu.html#4（参照２０２０年２月）

“China Airlines Flight 140, A300B4-622R, B1816”、https://lessonslearned.faa.gov/ll_main.cfm?TabID=3&CategoryID=9&LLID=64、U.S. FAA（米国連邦航空局）（参照 ２０２０年２月）

加藤寛一郎：『墜落　ハイテク旅客機がなぜ墜ちるのか』、講談社（１９９０）

加藤寛一郎：『エアバスの真実　ボーイングを超えたハイテク操縦』、講談社（２０２０）

3

何が最新鋭機を墜落させたのか（2）

高度がおかしいぞ！

つかなかったランプ

中華航空のエアバス機の事故からさかのぼること約20年、1972年の12月29日の夜、こちらもまた当時最新鋭だったジェット旅客機が最終の着陸態勢に入っていました。アメリカのニューヨークからフロリダ州のマイアミ国際空港に向かっていたイースタン航空401便、機種はロッキードL-1011「トライスター」です。用いられていた機体はその年の8月に納入されたばかりの新造機でした。

23時32分頃、機体はマイアミ空港の滑走路への最終の着陸態勢に入ります。しかし、着陸を前に降着装置（いわゆる「脚」のことです）を下げる操作をしたところ、前脚が正しく引き出されて固定されたことを示す、計器盤上のグリーンのランプが点灯しませんでした。

もし実際に前脚が出ていない、あるいは出たように見えても正しく固定されていない場合、そのまま着陸を強行すれば胴体着陸となって事故の危険があります。パイロットは管制官に無線で着陸のやり直しを要請し、許可を得ました。

機体は管制官の指示に従い、上昇して再び着陸を行うためのコースをとったはずでしたが、23時42分、空港周辺に広がるエバーグレーズ国立公園の湿地帯に墜落しました（次頁写真）。

乗員・乗客176名のうち、103名が死亡しました。生存者も、新月の闇夜の中、ワニが生息する湿地帯で恐怖を感じながら救助を待つことになりました。また、負傷した箇所に湿地帯の水や泥が

1970年代前半当時の最新鋭機、ロッキード L-1011 トライスター

事故現場の様子
出典：U.S. FAA（米国連邦航空局）ホームページ

入り込み、後に化膿してしまって命の危険にさらされた生存者もいました（実際に、救出されたにもかかわらず、そのせいでしばらく後に亡くなった方もいたそうです）。

この事故も、名古屋でのエアバス機の事故と同じように、最新鋭機が気象条件の問題もなく、機材や誘導の不具合もないのに、全損事故を起こして多数の死傷者を出してしまった例として語り継がれています。なぜ、最新鋭機は突然、墜落したのでしょうか。

「電球」に夢中

パイロットたちは着陸やり直しを決め、管制官の許可を得た後、自動操縦装置を起動して方向と高度を設定していました。23時36分のことです。事故後の調査でも、この自動操縦装置に設計上あるいは動作上の問題は確認されていません。あとはコンピューターの誘導で正しく飛行するはずでした。

自機の誘導をコンピューターに委ねた後、ランプがつかなかったことの問題の切り分け（トラブル・シュート）を始めます。現代とは異なり、当時の計器盤の表示ランプは寿命がきわめて長いLED（発光ダイオード）式ではなく、フィラメント式のいわゆる「豆電球」でした。電球はしばしば球切れ（フィラメントが破損して点灯しなくなること）を起こします。

パイロットたちは、最新鋭の機体の降着装置が故障する可能性よりも、電球が球切れする可能性のほうが高いことを知っていましたから、まずは球切れの有無を確かめようとしました。

はたして、計器盤からランプを外してみると球切れしていました。ところが、一度外したランプを計器盤に戻そうとしたところ、うまくはまりません。機長と副操縦士、それにコックピットに便乗していた整備士がはめ方について会話している様子が、コックピット・ボイス・レコーダーに記録されています。

念のため、機長は航空機関士[13]に、床下の機械室へ行って、正しく前脚が出ているか目視で確認するように命じます。23時38分のことです。その際にはこんなジョークも録音されていました。

「まったく、この（最新鋭の）機体でも20セントの豆電球だもんなあ（一同笑）」

（Twenty cent piece of light equipment we got on this.）

しかし、この直後から、機体が降下しはじめたことがフライト・データ・レコーダーに記録されていたのです。記録によると、その後ずっと機体は降下し続けていました。

ところが、パイロットたちがそのことに気付いていた様子はありません。彼らが高度の低下に気付いたのは墜落のわずか7秒前、23時42分5秒のことでした。

13 前章の注でも触れましたが、1970年代までの当時の航空機は機長、副操縦士、航空機関士の3名で運行するのが一般的でした。

副操縦士　「高度が変だぞ！」（We did something to the altitude!）
機長　「何だって!?」（What?）
副操縦士　「２０００フィートのはずですよね!?」（We're still at two thousand, right?）
機長　「いったいどうなってるんだ!!」（Hey, what's happening here?）

彼らが叫んだそのときには、機体はすでに再上昇できる最低高度を下回っていました。23時42分12秒、最初の衝撃音がボイス・レコーダーに記録されます（左頁上図）。

空白の4分間

彼らはなぜ４分間もの間、危険に気付くことができなかったのでしょうか。

実は、機長が航空機関士に指示を出し、ジョークを飛ばしたのと同じタイミングで、自動操縦が解除されていたことが、フライト・データ・レコーダーの記録から判明しました。航空機関士の席は機長席の右後ろにあります（左頁下写真）。

事故調査報告書の見立てでは、機長が航空機関士に対して振り返りざまに指示を出した際、（本人も特に気付かなかったのかもしれませんが）機長の身体の一部が当たり、操縦桿に力が加わったため

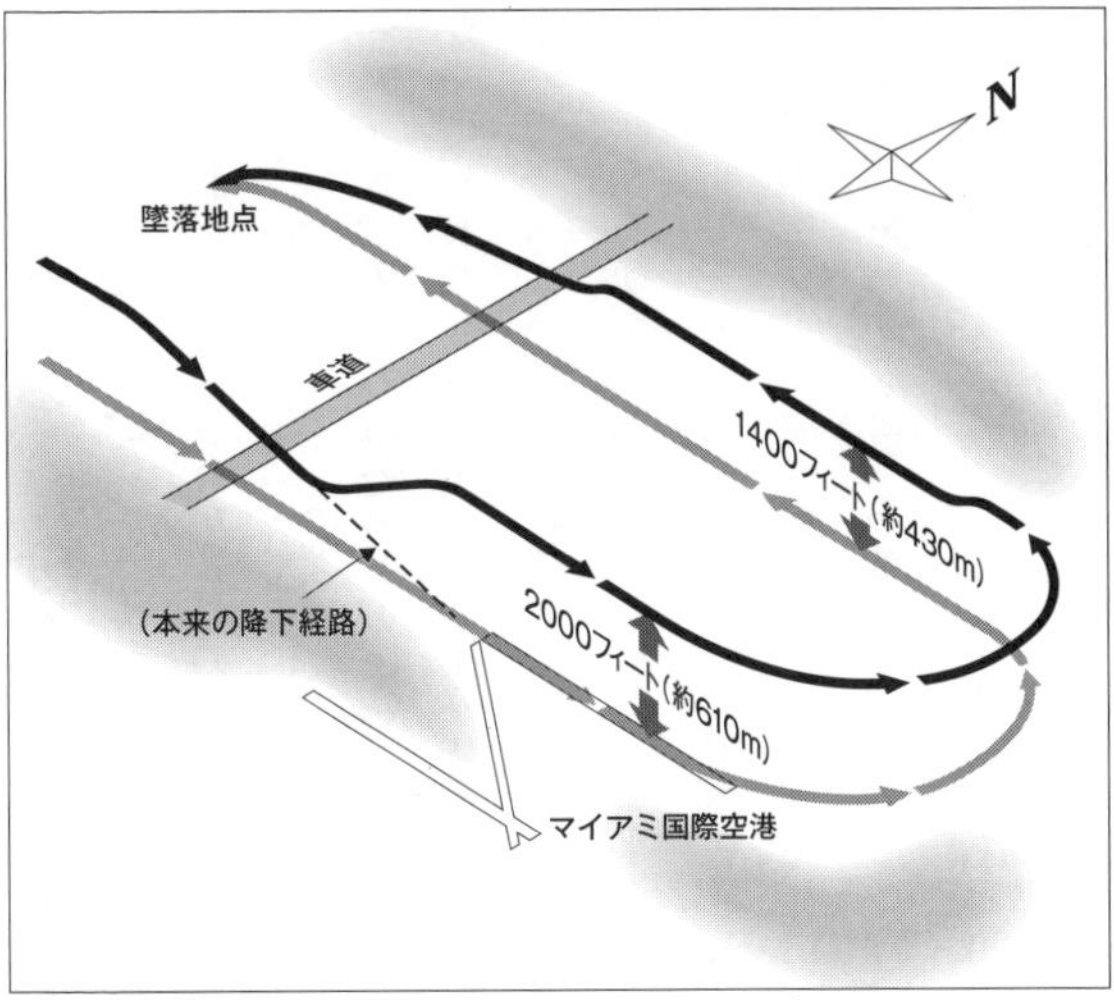

事故機がたどったコース
（「事故調査報告書」（米国国家運輸安全委員会）より筆者が和訳して作成）

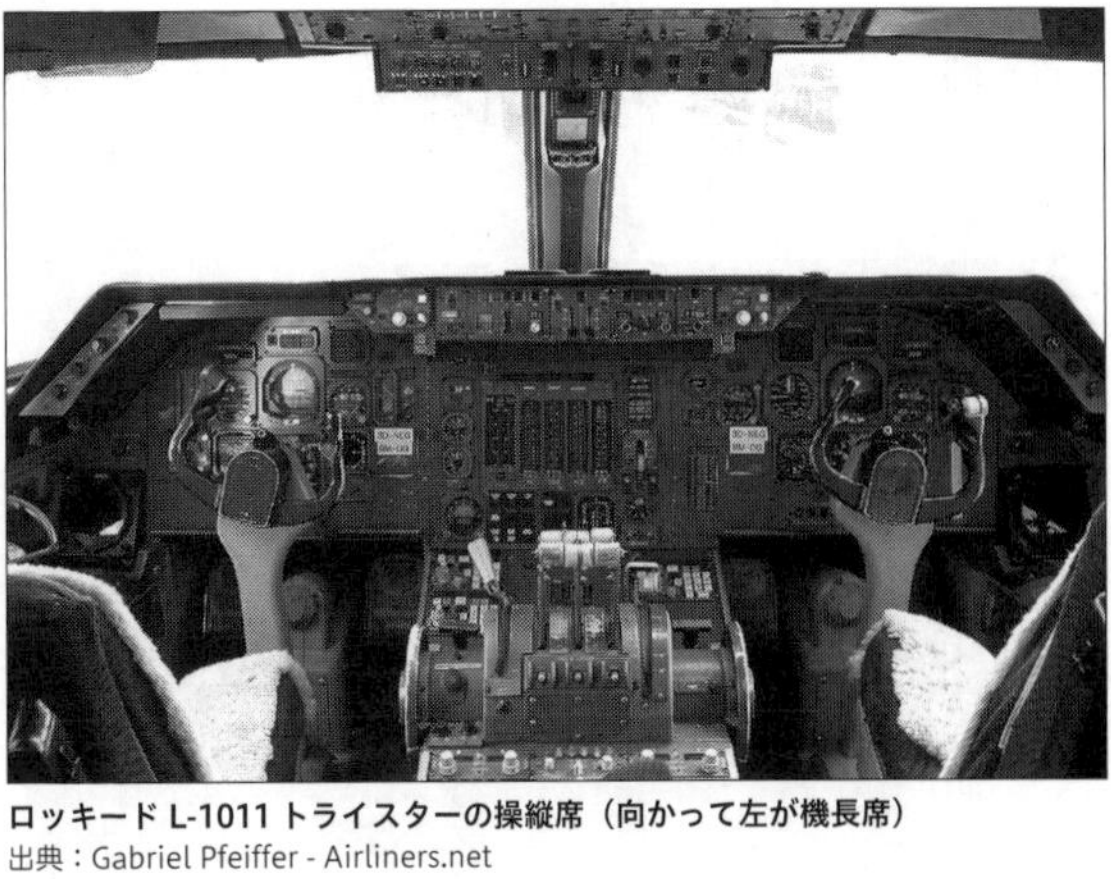

ロッキード L-1011 トライスターの操縦席（向かって左が機長席）
出典：Gabriel Pfeiffer - Airliners.net

に、自動操縦が解除されてしまったものと解釈されています。

ところが、機長を含めたコックピットの全員は、自動操縦装置を起動し設定した覚えはあっても、解除したつもりはありません。そして、トライスターが最新鋭のきわめて優秀な自動操縦装置を搭載していることは、全員がよく認識していました。彼らがその誘導を疑うことはなかったのです。

運の悪いことに当日が新月の闇夜で周囲が湿地帯だったため、目視で降下や地上への接近を感じ取るのが通常よりも難しい状況でした。

パイロットたちはそうした中で、一度取り外したランプを正しく計器盤にはめ直すことに夢中になってしまったのです。自動操縦装置を信頼し、安心しきっていたために、彼らはそれから墜落直前まで、一切、高度計を確認していなかったと考えられています。

機長から航空機関士への指示（つまり自動操縦が解除されてしまった時点）から1分半ほど後には、高度の低下を知らせるブザーが一時的に鳴っていたことも、ボイス・レコーダーに記録されていますが、そのブザーは機械室に降りていて不在だった航空機関士の席の計器盤から鳴っていましたし、そもそも、緊急事態を知らせる性質のものではなかったので、短く一回きり鳴り、音色も緊張感の高いものではなかったそうです。機長と副操縦士のいた前席では音量も小さかったのでしょう。彼らはランプをはめ直す作業と会話に夢中になっていて、ブザーに気付いた形跡がありませんでした。

こうして、空白の4分間が生まれてしまったのです。

会話の「あや」の落とし穴

とはいえ、彼らが高度の異常に気付くチャンスは他になかったわけではありませんでした。実は、墜落の30秒ほど前に、管制官が無線で次のように呼びかけていました。

管制官 「イースタン４０１便、そちらはどうなってますか？」
(Eastern, ah, four oh one, how are things comin' along out there?)

管制官はレーダー画面上に表示されている４０１便の高度が、自分が指示した２０００フィート（約６００メートル）ではなく、半分以下の９００フィート（約２７０メートル）になっていたことに気付いて、念のために確認をしようとしたことがわかっています。ところが、機長の答えは、

機長 「オーケー、これから旋回して、進入コースに戻ります」
(Okay, we'd like to turn around and come, come back in.)

というものでした。機長は自分たちが管制官に知らせていた前脚の問題のことで、問題解決の目途

が立って、改めて着陸できそうな状況なのかの問い合わせを受けたと思って、すぐにそのように答えてしまったのです。

よく考えてみれば、管制官はひとことも「高度」や「降下」などと言っていません。機長が自分たちの側から見た問題状況に引きつけて「どうなってますか？」という問いかけを理解してしまったのもやむを得ません。

もし、管制官が明確に「高度が低下していますが」とか、より具体的に「９００フィートと表示されているが、確認してください」と交信していれば、この時点なら十分な余裕を持って正しい高度へと復帰できたはずでした。

しかし、事故調査に対する管制官の証言によると、当時のレーダーは高度について誤った表示をすることがよくあったと言います。自信を持って「あなたの飛行機の高度は低すぎますよ」というニュアンスで交信するのはためらわれたのかもしれません。

いずれにせよ、日常会話のような曖昧さのある表現でやりとりをしてしまったことが、悲劇の一因となってしまいました。

ミスを防ぐには？

事故を調査した米国国家運輸安全委員会（ＮＴＳＢ）は、報告書の中で、自動操縦装置に過度に依存してしまうと、コックピットの中でパイロットの注意を引くようなより手間のかかる仕事が生じた場合、それにかまけてしまって飛行の上で必要な基本動作（今回は高度の監視がそれに当たります）がおろそかになってしまう危険があると考察しています。

事故後、アメリカ製の旅客機の自動操縦装置には、解除された際にそれを明示的に知らせる警報機能が備えられるようになりました。

また、複数人のパイロットが皆で一つのことにかかりきりになることの危うさが認識されたことから、乗務員の役割分担をきちんと保つことの重要性[14]が訴えられて、そのための手法や訓練などの取り組みも加速することになりました。

さらに、無線交信の際のパイロットと管制官の間のコミュニケーションでの行き違いは他の事故でもしばしば問題になり、曖昧さのある日常的な話法は用いずに、定められた表現を用い標準化された会話をするように促す取り組みも続いてきました。

こうした措置に効果はあるでしょうが、しかし、この事故のようなケースを防ぐ上で万全とは言い切れません。自動操縦装置が解除された際の警報に気付かないかもしれないですし、いくら訓練をしても、操縦士同士や操縦士と管制官の間での行き違いが１００パーセント防げるとは言えないでしょう。

14　専門的にはＣＲＭ（Crew Resource Management）と呼ばれます。「乗員資源管理」というのが直訳ですが、乗員の能力や力量を最大限うまく活かすためにあらゆる手を尽くしましょう、そのための訓練や手順などの方法を見つけて浸透・普及させましょう、という取り組みを指します。現代の航空乗務員の訓練では、操縦技能や航法の理解など、多くの人がすぐに想像するような訓練内容に加えて、ＣＲＭに関係する訓練が占める割合もかなり大きいものとなっています。

前章で示したように、エアバス社が極端と思えるほどに人間のミスを警戒して、「ミスをしない」コンピューター制御をより大胆に取り入れることで安全性を向上させようとしたのにも、そういう背景があったのです。

あちらを立てればこちらが立たず

このようにコンピューターによる自動化が進むことで、航空安全の大きな課題は第1章で紹介したコメットの墜落事故のような単一の原因による確実な再発防止が可能なものから、なんとも手に負えない「あちらを立てればこちらが立たず」式のものへと展開していきました。

アメリカ式のとっさの際に人間の操縦を優先する設計がよいのか、ヨーロッパ式の安易にそれに命運を託してしまわない設計がよいのか。前章から見てきたように、それはその時々で起こる出来事の流れ（シナリオ）によります。どちらの考え方でも、裏目に出ることはあるのです。

こうなってくると、「失敗から学んで、それを防ぐ」のはなんとも難しくなってきます。

とはいえ、ここに大急ぎで付け加えねばならない点が二つあります。

まず、コメットのような機体の構造に起因する事故が皆無になったわけではないということです。機体の構造の安全を保ち、高める努力は引き続き必要でしたし、今も必要です。そして、機体の構造に起因する事故を防ぎ、あるいは不幸にも起こってしまった事故から学ぶためには、「原因を徹底的に究明して確実な防止策を講じる」姿勢が依然として重要です。

もう一つは、「あちらを立てればこちらが立たず」式の問題を生むかもしれないからといって、航空機の自動操縦装置のような、コンピューターを用いた自動化そのものが「悪」かというと、決してそうとは言えないということです。

前章と本章では不幸にも事故になってしまった例を取り上げましたが、航空機の場合で言っても、自動化が多くの事故を未然に防ぎ、航空安全の向上に役立ってきたことに議論の余地はありません。いわば「防がれてしまった」事故、つまり、自動操縦装置による安全性向上の「成功例」は本書のような失敗を扱う考察には出てきません。また、社会的にも報道されたり注目されたりする出来事にならないのがほとんどです。多くの人々が関心を寄せるのは、何か困ったことが起こってしまった場合に限られます。

ですから、自動操縦装置が関係した事故だけを取り上げて、コンピューターに頼ってはいけないとか、人間が全部をこなすほうが安心できるとか、短絡的に結論づけるのはいただけません。

とはいえ、防ぐのが難しいタイプの事故が現れていること、学ぶのが難しい失敗が起こりやすくなっていることは確かです。そのことについて、次の章以降で詳しく考えてみることにしましょう。

【参考資料】

ウェブ上で読める一般向けのもの

「イースタン航空４０１便墜落事故」、https://ja.wikipedia.org/wiki/イースタン航空401便墜落事故、Wikipedia（参照　２０２０年２月）

一般向けのテレビ番組

「メーデー！：航空機事故の真実と真相――注意散漫」、ナショナル・ジオグラフィック・チャンネル（２００８）

より詳しく知りたい方へ

“Eastern Air Lines Flight 401”、https://en.wikipedia.org/wiki/Eastern_Air_Lines_Flight_401、Wikipedia（英語版）（参照　２０２０年２月）

“Eastern Airlines Flight 401, Lockheed Model L-1011, N310EA”、https://lessonslearned.faa.gov/ll_main.cfm?TabID=3&CategoryID=9&LLID=8、U.S. FAA（米国連邦航空局）（参照　２０２０年２月）

4

巨大技術の事故は防げないのか
「チャイナ・シンドローム」

映画「チャイナ・シンドローム」とスリーマイル島原発事故

1979年3月、映画「チャイナ・シンドローム」がアメリカで公開されました。題名の「チャイナ・シンドローム」とは、原子力発電所（原発）が炉心溶融（いわゆるメルトダウン）事故を起こすと、溶融した高温の核燃料は発電所の地下へと進み、もしかすると地球の反対側の中国まで突き抜けるかもしれないという、事故の深刻さを表現する架空の現象です[15]。

70年代を迎えるまでは当時の最先端技術として明るい未来の象徴であった原発は、次第にその安全性への懐疑の声が生じ、論争の的となっていました。

それでも、多くの専門家や政府当局などは、「チャイナ・シンドローム」そのものはもちろん、そのように揶揄されるような重大な事故（典型的には炉心溶融事故）は現実には起き得ない、なぜならば多重の安全措置が万全に講じられているからだ、としていました。

ところが、映画の公開からわずか12日後の3月28日、アメリカ、ペンシルベニア州にあるスリーマイル島原子力発電所の2号機で炉心溶融事故が発生しました。営業運転開始からわずか3ヶ月しか経ていない新鋭原発で、商用原発としては歴史上初めての炉心溶融事故が発生してしまったのです。

この事故では放射性物質を閉じ込める格納容器は破損せず、放射性物質の大半は外部に放出されずに済みましたが[16]、それでも、気体の放射性物質の一部が外部に放出され、周辺住民が一時的に避難するなど、社会生活にも大きな影響を与えました。

アメリカ社会はもちろん、世界中が、映画が鳴らした警鐘は決して「架空」のものではないと騒然としました。映画の中の技術的な表現は正確ではなかったとしても、事故は起きないという思い込みは誤りで、原発のリスクを直視しなければならないという点では、映画の問題提起はまさに正鵠を射たものだったとも言えたからです。

多重防護の破れ

すぐに当時のカーター大統領が委員会を設置して事故調査を命じました。その結果明らかになったのは、ミスや故障が次々と連鎖した結果、原子炉の炉心が冷却水で冷やされない状態が数時間継続し、大規模な炉心溶融を引き起こしていたということでした。ただし、事故のそもそものきっかけとなった保守作業も、本来であれば原子炉本体の安全には影響を及ぼしようもないと思われるものでした。また、その後に生じた判断ミスや機器の故障も、それぞれを個別に見れば、重大なミスとは言えないものがほとんどでした。前述のように、原発では多重の安全措置が講じられていますから、個別のミスや故障は他の方法で十分に補えるはずで、全体の安全に

15 実際にはもし重大な炉心溶融事故が生じて核燃料が原子炉の複数の容器や建屋のコンクリートを貫通して流れ出したとしても、そうした現象は決して起きない、これはあくまでも空想上の表現だ、というのが多くの専門家の見解です。

16 この点が後に日本で起きた福島原発事故との大きな違いです。

スリーマイル島原子力発電所（アメリカ、ペンシルベニア州）

は重大な支障を生じないはずだったのです。

しかも、事故の4年前の1975年、アメリカ、マサチューセッツ工科大学のN・ラスムッセン教授は、アメリカの原子力委員会に依頼されて取りまとめた原子炉安全性研究の報告書で、こうした複数のミスや故障が重なった結果大事故が起こる確率を、整った論理的な方法で詳細に分析し、その結果、アメリカ製の原子力発電所で重大事故が起こる確率は、10億年に1回だと算出していました。

教授自身はこれを、「ヤンキースタジアムに隕石が落ちるのを心配する」ぐらいに低い、すなわち、現実には心配する必要がないほど小さいものだと説明していました。

ヒューマン・ファクターへの注目

しかし、わずか4年後には事故が起きました[17]。何が非現実的な仮定と思われた重大事故を、現実の出来事にしてしまったのでしょうか。

連鎖的に重なったエラーのうち注目された要素の一つが、前章で見た航空機の事故と同様、ヒューマン・ファクター、つまり人間の認知能力の特性や限界によって起きてしまうエラーです。従来、あるいは現在でも、それは「ミス」、つまり、怠慢や無能に起因する逸脱だという見方が強いように思います。逆に言えば、十分な能力を持った人物が高い意識のもとで業務に当たればミスなく遂行できるという思い込みが私たちにはありました。

ところが、この時期の先端技術の事故はいずれも「そうは言っても、人間は現実にミスをする。防ぐ方法はあるが、それには単なる反復訓練や精神論による啓発に訴えるよりも、ミスが起きやすい場面やパターンを特定して、それらへあらかじめ対策を講じることが効果的だ」という見方をしなければ

17 もちろん、○年に1回という表現は確率計算の結果ですから、○年間起きないという意味では全くありません。ですから、10億年に1回の事故が今日や明日に起きたとしても、その計算が間違いとはすぐには言えません。しかし、ラスムッセン教授は野球場と隕石の比喩を用いて、「それは現実には起きない、心配する必要はないという意味だ」というニュアンスを公言していました。その点が問題にされたのです。

ばならないことを私たちに強く訴えかけたのです。[18]

スリーマイル島原発の事故では、

・多くの（後から見れば）誤った思い込みによる状況判断が事態を悪化させた

・中央制御室の制御盤に同じような形の計器やスイッチがあまりにも多数並んでいて、それらが全体として何を示しているのかを理解するのが難しかった

・しかも制御盤の上に故障や不具合を示す紙のタグがたくさん付いていて、必要なスイッチや計器を隠してしまっていた

・それを見れば状況認識の誤りに気付けた可能性が高い計器は制御盤の裏側にあって、緊急時の混乱の中で誰も気付かなかった

などなど、人間の「ミス」や、人間と機器の間のやりとりの部分（マン＝マシン・インターフェース）で生じた問題がたくさん指摘されました。読者の中には、前章で見た航空機事故の事例とも共通性がありそうだと気付いた方も少なくないでしょう。そして、これらの問題はいずれも、確実な再発

防止が難しい性質を持っていることもまた、前章までに見てきたとおりです。「ミス」の撲滅を前提に、事故を起こさない安全な技術をつくり上げるという目標の実現は否応なく遠のきます。

こうした理解は、それでも、少しずつでも安全性を向上させるには、機器にばかり注目するのではなく、ヒューマン・ファクターを含めたシステム全体で問題点を見出し、対処する必要があるという方向性を、技術の専門家にもたらしたのです。安全に関する人間工学の研究がいっそう盛んになったのは言うまでもありません。

巨大技術の失敗は防げない？

しかし、安全の向上に対するもっと悲観的な見方もまた、この事故をきっかけに示されました。アメリカの組織社会学者C・ペローは、スリーマイル島原発事故の後、まさにヒューマン・ファクターの分析や対処方法の発見のためにと、事故の原因についての研究に誘われました。組織社会学とは、ひとことで言ってしまえば、組織の特性を人間が社会の中でなぜそのように振る舞うのかを探究する社会学の手法で明らかにしようとする学問です。ヒューマン・ファクターは個人のレベルだけではなく、組織のレベルでもしばしば問題になりますから適任に思われます。

18 とはいえ、人間のミスをどう見るかは、現在でも科学技術の失敗をめぐる議論に大きな影響を与えています。これについては6章以降で改めて見てみることにしましょう。

ところがペローは研究を進めた結果、根源的で、かつ悲観的な見方を示します。それは、現代の航空機や原発のような、あまりにも複雑で、しかも大きな危険性を潜在的にはらむシステムにおいては、複数の要素が偶然に不幸な連鎖をして大事故に至ることは防げない、という考えです。

ペローは、そうした先端技術では単に要素が多いというだけではなく、要素と要素が網の目のように複雑なつながりを持っていて、しかも、それらの間の結びつきが強いために、ある出来事が起きたら、おもむろに状況を見きわめて対応するといった余地を許さない特性があると主張します。

例えば、自動車の組み立て工場は部品の点数や工程の数は非常に多いですが、ある手順で不具合（ある部品を取り付けるための機器の故障など）が起こったところでそこで作業を止めればよく、人命や健康、環境に危険を生じるような取り返しのつかない事態がただちに起こったりはしない、とペローは言います。こうしたシステムは、ペローの言い方では、「直線的」なシステム（linear system）に分類されます。

しかし、航空機や原発の事故の場合は、ある出来事が思いもよらない別な出来事をどんどん引き起こします。たくさんの要素と要素が、私たちが把握できないほど複雑に強く結びついているからです（これを彼は「固い」結びつき（tight coupling）と呼びました）。前章までに見た航空機事故がどちらも、きっかけとなる出来事からわずか数分で破局に至ってしまったこと、その際、操縦士が状況を立て直す余地は、時間的にも手段の上でも現実にはほとんどなかったことを思い出してください。ペローはこうしたシステムを「複雑な」システム（complex system）と呼び、直線的なシステムとは区別したのです（64頁表）。

事故発生直後にスリーマイル島原子力発電所2号機の中央制御室を視察するJ. カーター米大統領（当時）（1979年4月1日）
出典：大統領調査委員会報告書

アメリカの組織社会学者でイェール大学名誉教授のC. ペロー

複雑なシステムと直線的なシステムの特徴の比較

複雑なシステム	直線的なシステム
装置同士が近接している	装置は散らばっている
生産活動の手順が互いに密接している	生産活動の手順が互いに分離している
生産活動全体に共通する要因が、生産手順の外部にたくさん存在する	生産活動全体に共通する要因は動力供給と外部環境に限られる
故障した機器の切り離しを完全には行いがたい	故障した機器を容易に切り離せる
作業従事者の専門特化が相互依存性への認識を弱めてしまう	作業従事者の専門特化は弱い
資材や原料を他のもので代替できる余地が小さい	資材や原料を他のもので代替できる
予期されていない、あるいは意図しないフィードバック効果が働くことがある	予期されていない、あるいは意図しないフィードバック効果はほとんど働かない
多くの制御上のパラメータ（操作可能な要素）が相互に関係する可能性がある	制御上のパラメータは少なく、直接的で、互いに分離している
間接的、あるいは推論的な情報に頼らざるを得ない	直接的、あるいは常時得られる情報を用いることができる
一部のプロセスについては私たちの理解が限られている（事物そのものを変化させるようなプロセスに関係している）	プロセス全体について私たちは十分に理解している（典型的には、「組み立て」のプロセスに関係している）

（Perrow1984=1999 より筆者が和訳して引用）

事故が起こるのが「ノーマル」

そして、そうした不幸な偶然の連鎖をあらかじめすべて予期して、それらに防止策を講じるのはほとんど不可能です。あるいは、もしある程度は手を打てたとしても、今度は打った手がますます要素を増やし、システムを複雑にして、新たな予期せぬ出来事の可能性を生んでしまいます。

また、たくさんの要素が「固い」結びつきを持つ複雑なシステムの中では、何か異常が発生してから、その拡大・悪化を食い止めるのもきわめて難しいことを彼は強調しました。要素と要素が「弱い」結びつきしか持っていないシステムなら、異常が発生した際の人間の対応や安全装置の作動などに大きく期待ができるが、それは直線的なシステムを念頭に置いた考えに過ぎない、というのです(67頁表)。

そしてペローは、先端的な複雑技術がときに大事故を起こすことは「ノーマル」つまり「通常」のことと見るべきだと主張して、そうした事故を「通常事故」(Normal Accident)と名付けました。

私たちは事故について「異常」や「逸脱」、つまり普通ではない出来事が起こると見て、本来であればそれは防げたのに現実には防げなかった、だからその原因を探して、再発防止をしようという見方をしがちです(まさに、第1章で述べた「失敗から学ぶ」パラダイムそのものです)。ペローはそれに直ちには反対しませんが、次に起きる事故は常に前の事故とは異なる、それぞれが稀なシナリオで起こるので、人々が期待するような再発防止の効果は持ち得ないことを明確に述べています。

もちろん、ペローも、「通常」であることは「よくある」という意味ではないと補足しています。

飛行機が毎週墜落するとか、原発が毎年重大事故を起こすとは彼も主張していないのです。ただ起こるのがまれだからといって、それを異常事態だ、起こってはいけないことが起こってしまったと見るのは間違いで、たまには起こるものだ、それが当たり前だと見るべきだ、それを何かの手立てであらかじめ防げるなどとは思わないほうがよいというのが、ペローのいう「通常」の意味なのです。

だとすればどうするべきなのか？

ペローはこうした「冷めた」見方を示した上で、ではどうするかについても「冷めた」見解を示しています。

彼は、事故は起きてしまうものだと考えるしかない以上、私たちはその技術が事故を起こしたときの結果が、社会にとって受け入れられないほど破局的なのか、あるいは、我慢して甘受できる程度なのかで、その技術を用いてよいかどうかを決めるべきだ、と提案しました。

また、そうはいっても、他に代替手段があるのかどうかが技術を用いるのかあきらめるのかの判断には大きく関わるので、その点も含めた二つの観点で先端技術と向き合うことを提案しています。

ペローの考えでは、航空機や船舶はすでに現代社会の人々の生活や経済活動に不可欠だし、長年使い続けられてきたことで、社会を破局に追いやるような事故は起こりがたいことが経験的に強く推論できるので、その利用を続けることを認めています。他方で、原子力・核の技術や宇宙開発は当時の

「固い」結びつきと「弱い」結びつきの比較

固い結びつき	弱い結びつき
作業過程における遅延は不可能	作業過程における遅延が可能
手順の順序は変えられない	手順の順序は変えられる
目標を達成する方法は一つだけ	代替的な方法がある
資材、装置、従事者における「たるみ」は少しだけしか許されない	資材、装置、従事者における「たるみ」は許容可能
異常の緩和策や予備手段はあらかじめ周到に組み込まれている	緩和策や予備手段はケースバイケースで用意できる
資材、装置、従事者の代替は限られているか、あらかじめ用意しておくしかない	資材、装置、従事者の代替もケースバイケースで対応できる

（Perrow 1984=1999 より筆者が和訳して引用）

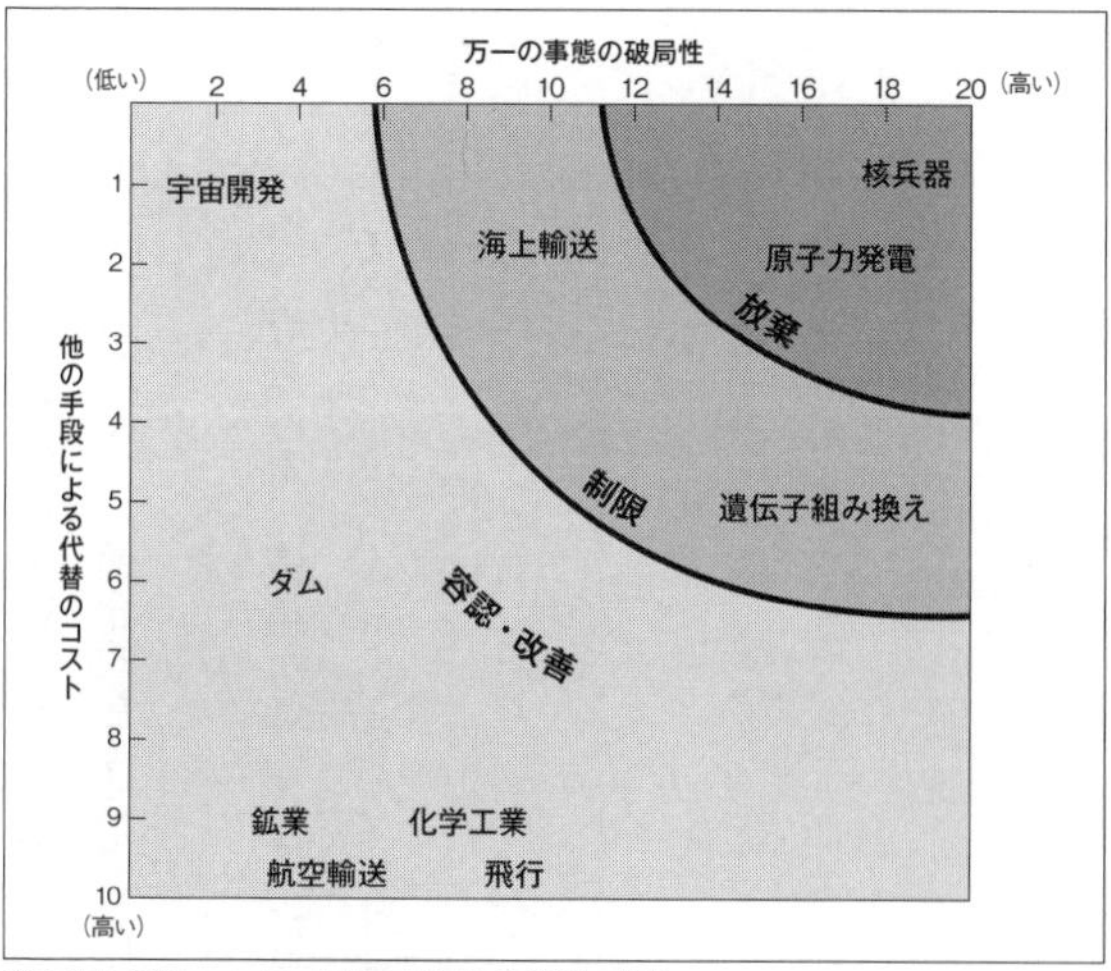

潜在的な危険の大きい技術の破局性と代替可能性
（Perrow 1984=1999 より筆者が和訳して作成）
※なお、ペローは航空機を用いて空を飛ぶこと「飛行」そのものとそれを含む航空業全体を指す「航空輸送」を区別して議論しました

理解ではまだ実験的な意味合いが強く、社会生活に不可欠とは言いがたい反面、予期せぬ大事故が多くの人々を巻き込む可能性があることを懸念していました。当時はアメリカが核兵器や宇宙兵器によるソ連のけん制、自国防衛を進めようとしていた時期であることも影響していました。核兵器による大国間の「にらみ合い」が強まる中、多くの人びとが、誤報や誤射による偶発的な核戦争の発生を現実味のある危険と考えていたからです。

皆さんはこうした見方をどのように受け止めたでしょうか。もちろん、極論だという反論もあるでしょう（実際、ペローがそのことを自著で主張して以来、そういう反論は出され続けています）。巨大技術の破局をめぐる問題は、次章以降でも見てみましょう。

【参考資料】

ウェブ上で読める一般向けのもの

「米国スリー・マイル・アイランド原子力発電所事故の概要」、https://atomica.jaea.go.jp/data/detail/dat_detail_02-07-04-01.html、原子力百科事典ＡＴＯＭＩＣＡ（参照２０２０年2月）

「スリーマイル島原子力発電所事故」、https://ja.wikipedia.org/wiki/スリーマイル島原子力発電所事故、Wikipedia（参照２０２０年2月）

より詳しく知りたい方へ

J・S・ウォーカー：『スリーマイルアイランド　手に汗握る迫真の人間ドラマ』（西堂紀一郎訳）ＥＲＣ出版（２００６）

C. Perrow：Normal Accidents: Living with High-Risk Technologies, Princeton Univ. Press.（１９８４＝１９９９）

The President's Commission on the Accident at Three Mile Island：“The need for change, the legacy of TMI : report of the President's Commission on the Accident at Three Mile Island”, U.S. Government Printing Office.（１９７９）

“Three Mile Island accident”、https://en.wikipedia.org/wiki/Three_Mile_Island_accident、Wikipedia（英語版）（参照２０２０年2月）

映画「チャイナ・シンドローム」のイメージ
専門家からは空想に過ぎないと批判されたものの、多くの一般の人々に鮮烈な印象を与えました

5

誰がシャトルを打ち上げさせたのか

スペースシャトル・チャレンジャーの悲劇

打ち上げ73秒後の悲劇

1986年1月28日午前11時38分（アメリカ東部標準時）、アメリカと世界の期待を背負ってスペースシャトル、チャレンジャー号が打ち上げられました。スペースシャトルの打ち上げは1981年以来、すでに25回目となっていましたが、この日の打ち上げは初の民間人宇宙飛行士を乗せたものでした。ティーチャー・イン・スペース（宇宙へ行く先生）というNASA（米国航空宇宙局）の計画に応募した1万1000人以上の応募者から選ばれた高校教師、C・マコーリフが搭乗していたのです。

アメリカ中の学校の児童や生徒、そして多くの一般の人々が、テレビ中継で、あるいは打ち上げ基地のケネディ宇宙センター（フロリダ州）の周囲で、その様子を見守っていました。

シャトルが発射台を離れ、歓声が上がります。上空へと順調に飛行するかに見えたチャレンジャー号は、しかし、打ち上げの73秒後、突然爆発したのです。マコーリフを含む7名の搭乗者全員が亡くなりました。

これはスペースシャトル計画における初めての人身死亡事故であり、かつ、当時においてはアメリカの有人宇宙船の歴史の中で最多の死者数を出す空前の大事故となりました。

調査の結果、事故の主たる原因は、スペースシャトルの両側に備えられた固体燃料ブースター（SRB：Solid Rocket Booster）の接合部分を密閉するためのOリングにありました。Oリングが折からの低温で硬化し、密閉が破られて高温の燃焼ガスが噴出、機体構造を大きく損傷したために、一挙に空力による破壊が生じるとともに、搭載された燃料が瞬時に燃焼したものと結論づけられました。

当日の打ち上げは、本来は冬でも温暖なはずのフロリダ州を異常気象の寒波が襲う中で行われ、前夜から当日の朝にかけての最低気温は氷点下に達していました。それ以前の24回の打ち上げでの最低気温記録が約12度であったことに鑑みれば、異常な低温と言ってよい冷え込みです。Oリングは、日本語での一般的な呼び名で「パッキン」と言うほうが通りが良いかもしれません。管の接合時の密閉にしばしば用いられるゴム製の輪状の部材です。寒さのためにゴムが弾性を失い、密閉機能を果たさなくなったというのは理にかなった説明でした。

ボイジョリーと技術者の倫理

では、低温ではOリングが密閉性を失い重大事故を招くという可能性は、誰も気付いていなかった盲点だったのでしょうか。もしそうであるなら、チャレンジャー号の事故はむしろ、タコマ橋やコメットの事故に近い受け止め方がされたかもしれません。

しかし実際はそうではなかったのです。SRBの設計・製造元であるモートン・サイオコール社（以下、サイオコール社）の技術者、R・ボイジョリーの証言がそのことを明らかにしました。

爆発するチャレンジャー号
出典：NASA（米国航空宇宙局）

サイオコール社の技術者、R. ボイジョリー

ボイジョリーの証言によると、彼は以前の打ち上げで回収されたSRBのOリングが損傷しているケースがあることを職務上把握しており、さきほど述べた気温12度での打ち上げのように気温が低いとOリングが密閉性を失うリスクが高まることも知っていたと言います。[19] ボイジョリーは以前から、このことについて問題提起を続けていたそうです。

そして、チャレンジャー号の打ち上げ前日、当日にかけて気温がきわめて低下することが予報されていたので、彼はそのことが打ち上げに重大な危険を生じさせることを改めて社内で申し出て、サイオコール社の幹部とNASAの幹部の間で電話会議が開かれたことを証言します。ボイジョリー自身も出席したその会議で、当初はサイオコール社が低温による危険を理由に打ち上げの延期を申し出たものの、NASA側がそれを一蹴し、結局サイオコール社の幹部たちが意見を変えて、打ち上げ実施に同意してしまった一部始終を彼は詳しく語りました。

この経緯が明らかになった以上「低温とOリングの組み合わせによる事故」は「安全を軽視した誤った判断による人災」へと、その様相を変えます。

電話会議において激しい口調でサイオコール社の申し入れを非難したNASAのL・ムロイ、あるいは組織としてのNASA、またその反論に屈してしまったサイオコール社の幹部たちや企業と

19　スペースシャトルはコスト削減や打ち上げ頻度向上を目標に開発されたため、本体部分（オービター、宇宙往還機）が再利用されることは広く知られていると思いますが、実は、SRBも打ち上げ途中での切り離し後、海に着水して回収され、整備の上繰り返し使用されました。ですから、実際の飛行を終えたSRBの接合部分がどうなっているかを直接確認する機会があったのです。

チャレンジャー号の搭乗者
出典：NASA（米国航空宇宙局）
後列左から 2 番目が C. マコーリフ。同左端は日系人初の米宇宙飛行士の E. オニヅカ

アメリカの社会学者でコロンビア大学教授の D. ヴォーン

しての同社は、社会の厳しい非難にさらされました。

それ以来チャレンジャー号の事故は、技術者は根拠と信念に基づいて安全を最優先に行動すべきであること、逆に、他のいかなる事情があってもそれを曲げてはいけないことを教える技術（者）倫理（engineering ethics）の教材として、アメリカはもちろん、世界中で取り上げられてきたのです。ボイジョリー自身も、技術者の倫理の重要性を晩年まで説き続けていました。

本当に「悪玉」が元凶なのか？

しかし、アメリカの組織社会学者であるD・ヴォーンは事故後、関係者への聞き取り調査や関係文書の収集・分析を続け、「打ち上げ前夜の会議での誤った判断」は、その日にたまたま生じた出来事でも、会議に参加した個人の倫理だけの問題でもなかったという分析を示しました。

ヴォーンによれば、SRBの接合部分に弱点があることはスペースシャトルの開発中（つまり初の打ち上げよりも前）から関係する技術者たちによって認識されており、彼らはその問題を無視するどころか、何度も厳しい条件下で実験を行うなどして、本当に無視できない危険を生じないかどうか、継続的に安全性の確保に取り組んできていたのでした。そして、厳しい条件下での実験や、ボイジョリーも気にしていたような回収された使用済みのSRBの調査を通して、いわゆる「リスク」が技術的な見地から見積もられ、それは十分に少なく受け入れられることが関係者の共通認識となっていたというのです。

そうなると、打ち上げ前夜の電話会議でNASAのムロイは激怒して「なぜ打ち上げ前夜になって打ち上げ基準を変えようなんて言い出すんだ！」とサイオコール社を難詰していたのですが、それはただ単に「オレのロケットを打ち上げさせないっていうのか」というような言いがかりの類いではなく、上記のように規則や手続き、あるいは技術者の「常識」に則って、丁寧に検証してきた結果を無視するのか、という意味にも解釈できます。

「逸脱の常態化」：よい人がみんなで起こす悲劇

ただし、ヴォーンがここで言いたいのは、ムロイが悪玉の幹部か、本当は善玉だったのかといった善悪二元論ではありません。そうではなく、組織の中で長い時間（ヴォーンによれば、チャレンジャー号の事例の場合は9年間）を経て、端から見るとルールや常識から外れたことでも、当事者たちはそれを何もおかしくない当然のことであるかのように振る舞うようになってしまう場合があるという、組織の中で起きる現象をモデル化した点に、彼女の社会学者としての成果があるのです。

いくら過去の実験や検証のデータがあるにしても、低温になるほど危険が高まることが明らかなOリングの問題に関して、過去の最低気温記録よりも10度以上低い、氷点下まで冷え込んだ日に打ち上げを強行するよりは、延期してより温暖な日に打ち上げを実施するほうが間違いないのは明らかです。

実はNASAは以前から、規則や基準に則って、他の技術的理由や天候による打ち上げの延期はためらうことなく行っていました。チャレンジャー号の打ち上げもすでに1週間ほど延期されていたのです。同じようにこの日の打ち上げを避け、温暖な日を選ぶだけで、チャレンジャー号の悲劇は避けられた可能性があります。

ところが、外部の専門家（あるいは場合によってはいわゆる「素人」）の目には明らかなこうした理屈が、組織の関係者には通用しません。

それは彼らが倫理を無視した悪人だからではなく、むしろ、組織の中での規則や慣習に準拠し、仕事がうまく行くように協力して工夫する人たちであるからこそです。彼らから見れば、部外者が安易な直感的判断でそうした異論を唱えることのほうが非論理的で、仕事の円滑な完遂を妨げる障害に感じられます。こうした、人々の行動の特徴的なパターンは一朝一夕に生じたり、変化したりするものではなく、長い時間的経緯があってこそ生じ、定着していきます。組織の中の人々は皆、そのことに何の疑問も感じずに振る舞うようになるのです。

彼女はこうした現象を「逸脱の常態化」と名付けました。

「第三者の目」の本当の意味

では、逸脱の常態化が長い時間をかけて形成され、本来は何重にも安全措置を講じていたはずの技術を破局に追いやるのを防ぐにはどうしたらよいのでしょうか。

ヴォーンの答えは、「外部の目」を常に入れ、その助言に従う仕組みをつくり込むというものでした。逸脱の常態化は組織内部で進行し、そこに属する人たちの目を曇らせます。仮に、組織の中で形式的に検査や監査の仕組みを取り入れ、チェックを試みたとしましょう（例えば上級幹部による最終確認の手続きなど）。しかし、先端技術はきわめて多くの要素からなり、その細部は高い専門性がないと理解したり判断したりすることが難しいものです。実際には現実の細部まで行き届く確認や検証はほとんど不可能なのです。結局、そうしたチェックは形式だけになり、実質的に問題点を検出するのには役立ちません。彼女はこうした問題を、「構造的な秘密性」（structural secrecy）と呼びました。誰かが意図的に隠ぺいするという類いの「秘密」ではなく、取り組んでいる仕事が高度に専門分化し、かつ、それぞれに固有の長い経緯を持つために、外部者には一朝一夕にはその問題点がわからない、という意味の「秘密性」なのです。

そこでヴォーンは、実際の作業の現場のレベルで日常的・定期的に外部の目を入れ、そのフィードバックを活かすことを提案します。例えば、SRBの接合部分のOリングに関するリスクについて検討していた部署のチームに、定期的にNASAやサイオコール社の全く別の部署の技術者を招き、虚心坦懐に意見をしてもらう、そうして出た意見には必ず何らかの正式な応答をすることにし、この流れのすべてを記録に残すというだけでも、ヴォーンの提案はかなり実現したでしょう。つまり「外部」と言っても、形式論的に社外・組織外にこだわる必要はなく、ある仕事を一緒に進めている一連の人々のつながりの外部であれば、構造的な秘密性を乗り越えて逸脱の常態化に気付き、踏みとどまらせる効果があるのではないかと考えたのです。

残念ながらＮＡＳＡは、こうした知見を得ていたにもかかわらず、２００３年にもう一基のシャトル、コロンビア号とその乗員を、今度は地球への帰還の途中の空中分解事故で失うことになりました。コロンビア号の事故後の調査では、まさにヴォーンが描き出したのと同様の事態が再び発生していたことがうかがわれています。

近年、日本でも「第三者」とか「外部」のチェックの重要性が叫ばれ、取り組まれています。そのほとんどは、防げる失敗を未然防止して損害を生じさせないようにとか、起こってしまった失敗から学んで教訓を得るという建前で行われています。しかし、「なぜ外部なのか」とか、「誰が外部なのか」といった根本的な問いに対して、根拠のある答えを自信を持って用意した上で取り組んでいる例が、そのうちのどれほどあるでしょうか。ヴォーンが明らかにした事柄から学ぶべきことはまだまだ多そうです。

【参考資料】

ウェブ上で読める一般向けのもの

「チャレンジャー号爆発事故」、https://ja.wikipedia.org/wiki/チャレンジャー号爆発事故、Wikipedia（参照 ２０２０年２月）

一般向けのテレビ番組

「衝撃の瞬間――スペースシャトル・チャレンジャー」、ナショナル・ジオグラフィック・チャンネル（２００７）

より詳しく知りたい方へ

D. Vaughan：The Challenger Launch Decision: Risky Technology, Culture, and Deviance at NASA (Enlarged Edition), Univ of Chicago Press.(１９９６＝２０１６)

The Presidential Commission on the Space Shuttle Challenger Accident：“Report of the Presidential Commission on the Space Shuttle Challenger Accident, June 6, 1986”、U.S. Government Printing Office.(１９８６)
https://history.nasa.gov/rogersrep/genindex.htm（参照 ２０２０年２月）

“Space Shuttle Challenger disaster”、https://en.wikipedia.org/wiki/Space_Shuttle_Challenger_disaster、Wikipedia（英語版）（参照 ２０２０年２月）

6

ディープウォーター・ホライズン

大企業はなぜ失敗を繰り返すのか

無事故記録式典の夜の悲劇

2010年4月20日、アメリカ、ルイジアナ州の沖合のメキシコ湾に浮かぶ石油掘削施設ディィープウォーター・ホライズン（DWH）では、7年間重大な事故がなかったという無事故記録を祝う祝賀行事が行われていました。DWHは油井掘削の専門会社であるトランスオーシャン社が所有・運用していた石油掘削施設で、海上に浮かんで海底下に深い油井を掘るための巨大な「やぐら」のようなものです。トランスオーシャン社は国際石油メジャーであるBP（British Petroleum：英国石油）社から掘削作業を請け負っていました。DWHは2001年に建造され、2010年当時は掘削深さの世界記録（3万5050フィート、1万683メートル）を保持していた、同種の施設の中でも最新鋭・最大級のものでした。当日の祝賀行事には、BP社の担当副社長もヘリコプターでやってきて出席していました。

ところが、担当副社長が施設を去ってから2時間ほど経った夜10時頃、祝賀ムードの中、いつもと同じような穏やかな夜を迎えるはずだったDWHは、突如、爆発・炎上しました。11名の搭乗者が行方不明となりました。事故後の調査で、彼らはいずれも爆発が発生した至近にいて、避難できなかったと結論づけられています。他の搭乗者は幸いにも救出されました。

5億6000万ドル（2020年現在の換算では、日本円で約600億円強）をかけて建造されたDWHは、翌日午前、沈没しました。

事故後の調査では、爆発・炎上の直接の原因は油井の暴噴、つまり、掘った油井から石油や天然ガスなどの可燃性物質が制御できない形で噴出したためであることが明らかになっています。DWHの沈没後も原油の流出は止まりませんでした。海中で油井を塞ぐ作業は難航し、最終的に流出を止められたのは、事故から約2ヶ月が経った7月15日でした。

米政府の推定では、この間に約70万キロリットルの原油が流出し、周辺環境を広範囲に、しかも深刻な度合いで汚染しました。自然環境への影響はもちろんですが、人間の社会・経済にとっても水産業、観光業などを中心に被害は甚大で、被害総額は数兆円に上りました。

被害を受けた人たちや企業、それに関係州政府や自治体などもアメリカの法制度に従って、BP社に賠償を求める裁判を起こしました。賠償額の合計は、各州政府や自治体に対するものだけで2015年までに460億ドル（同じく約5兆円）に上っています。

平穏無事に潜む危険

なぜ、無事故記録を誇っていたはずの施設で、しかも、資金力や技術力のある大企業による事業なのに、空前の大事故が起こってしまったのでしょうか。

実は事故後、関係者からは「以前から多くの問題があった」「いつかは大事故になるのではと心配していた」といった証言が次々と出されました。

炎上するディープウォーター・ホライズン（2010 年 4 月 20 日）
出典：米国沿岸警備隊

沿岸に流れ着いた原油の除去作業の様子（2010 年 5 月 21 日）
出典：米国沿岸警備隊

そして、事故調査の結果は、あたかもそれを裏付けるように、DWHあるいはトランスオーシャン社やBP社による石油掘削事業では、安全を脅かすさまざまな問題点があらかじめ生じており、DWHの事故はそれらと、当日の判断ミスやいくつかの技術的な不備がたまたま悪い形でつながってしまったことによって生じたことが明らかになりました。

DWHは井戸を掘る「やぐら」ですが、掘り抜いた油井から石油を取り出す作業は別の「やぐら」が交代して行います。そこで、交代する前には一度セメントで油井に仮の詰め物をして塞ぐ必要があります。事故当日は、この仮詰め作業を行った後で、正しく密閉されているかを確認するテストが行われていました。密閉が不十分だと、暴噴が起きる危険性が高まります。ですから、井戸の中の圧力を意図的に下げて、それがそのまま維持されるかを確認します。これを「負圧テスト」と言います。

後の調査では、

・負圧テストで異常な値が確認されたのに、現場責任者が独自の解釈により周囲を納得させ、暴噴防止のために必要な措置を講じずに作業を進めたこと

・本来はそうした異常の際には施設のトップレベルの責任者を複数呼び出して協議を行い、どうするかを決定することになっていたのに、それがなされていなかったこと

・暴噴が発生してしまった場合に井戸を切断して封をし、ＤＷＨが現場を離れられるようにするはずの安全装置（ＥＤＳ：Emergency Disconnect System）が不具合で機能しなかったこと

・そもそも仮詰め用のセメントは性能に問題があり、地上での性能試験に適合していなかったのに現場に送られ、しかもそのことはＤＷＨの現場には伝えられていなかったこと

・密封不良を起きにくくするために必要な器具が不足していたのに、作業の遅れを恐れて補充せずにセメント注入を行ったこと

など、安全を損なう多くの問題があり、それらが事故を引き起こす原因を構成してしまったことが判明したのです。仮詰めの密閉は実際には失敗しており、可燃性の液体や気体が自然に油田から井戸を通って吹き出してくる道筋が残されたままになっていたのです。

また、当日が風のない好天であったことも、暴噴の際に油田から噴出してきた可燃性ガスがＤＷＨ上に充満し、爆発・炎上につながる要因になりました。このケースでは、むしろ風の強い荒天であれば、ガスは拡散してしまい、爆発しにくかった可能性があったのです。

こうした「不幸の連鎖」はまさに第4章で見たペローの「通常事故」理論に重なりますが、この章では、彼の悲観的な予言はいったん脇に置いて、本当に「不幸の連鎖」を防ぐ余地はないのかを考え

てみましょう。

イギリスの心理学者・安全研究者であるJ・リーズンは、ペローが示した、「個々の要素ではなく、システムの中での要素のつながりが事故を起こす」という見地を部分的に引き継ぎながらも、より「前向きな」方策を検討します。彼は、事故が「起こる前に」私たちがその兆候に気付き、振る舞いを変えることで、少なくとも事故を減らし、あるいはその結果を軽減することはできるのではないかと考えたのです。

しかし、実際には事故が「起こる前に」事故の危険に本気で気付いて、あらかじめ手を打つのはしばしば困難です。彼は、「平穏無事に潜む危険」という大きな見取り図を示して、そのことを説明します。

まず、多くの組織では、生産性と安全性のせめぎ合いの中でしばしば、生産性が優先されて安全性が犠牲になることをリーズンは指摘します。もちろん、生産性と安全性があるバランスの範囲に入っていれば、事故は起きません（次頁上図）。

ところが、どの組織でも、時間の経過とともに生産性と安全性のせめぎ合いは進んでいきます。その際、安全性が限界以上に削られてしまって大事故が起こるまで、ほとんどの時間は「平穏無事」だと言うのです。もちろん、途中の経過の中で小さなトラブルや、重大な被害は出さない程度の事故が何回か起き、そのたびに関係者は安全性を高めて生産性とのバランスを取り直そうとはします。実際にその効果がないわけでもありません。

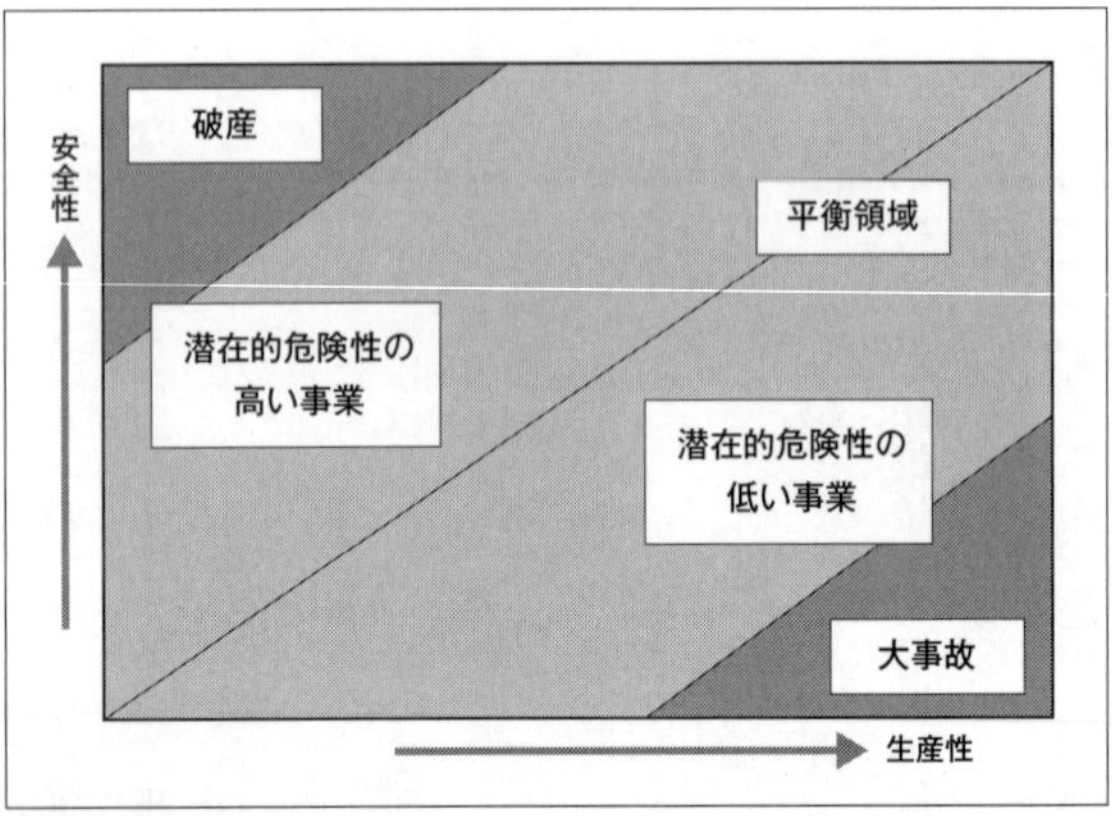

生産性と安全性の関係
出典：リーズン（1999）

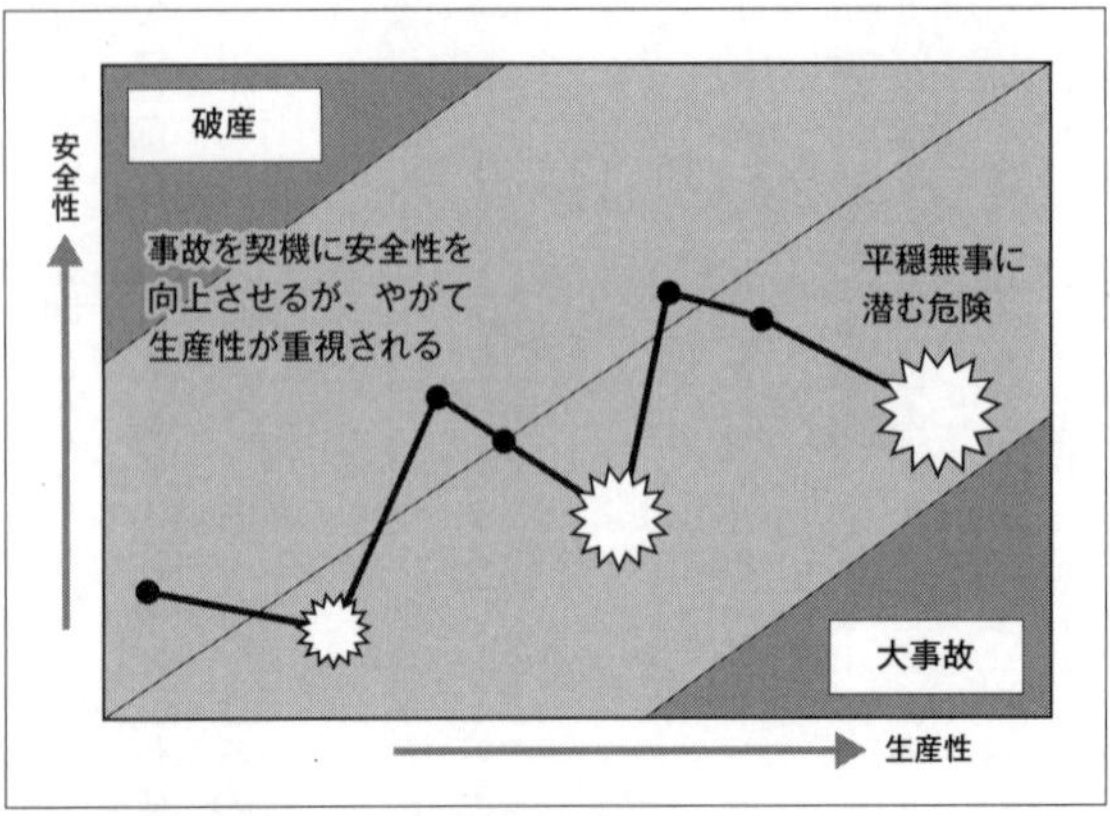

生産性対安全性空間における仮想的組織の変遷
出典：リーズン（1999）

しかし、「平穏無事」に生産性が高まっていく中で、安全性が重大に損なわれる危険（事業が大規模化したがために大事故を起こしてしまうなど）はしばしば高まるというのです（右頁下図）。

「組織事故」と「深層防護」

リーズンによれば、この「平穏無事に潜む危険」がもっとも顕著に表れるのが、ペローも問題にした先端的な複雑・巨大技術に関する事故です。例としてリーズンが挙げたのも、原子力、航空、石油、化学、海運、金融といった分野で、これもペローが挙げたものと重なっていました。

DWHの無事故記録は「平穏無事」の例であり、その祝賀行事当日の大事故は、まさにその「平穏無事」の中に「潜んで」いたと言えます。

リーズンは、こうした事故は組織全体、ひいては事故を引き起こす側とは直接関係のない人間や財産、環境にも「破壊的な」影響を及ぼすとし、その原因は組織の中のさまざまなレベルに複数存在すると言います。これを彼は「組織事故」（organizational accident）と呼びました。「起こるのは比較的まれであるがひとたび起こると、大惨事を招く恐れがある」のが、組織事故のもっとも忌まわしい特徴です。

ではなぜ、組織事故はそのような困った性質を持ってしまうのでしょうか。

リーズンは、それは「複雑で近代的な産業」が扱う潜在的な危険の性質と、その封じ込め（これを「防護」（protection）と言います）方に関わると考えました。「複雑で近代的な産業」は、潜在的に

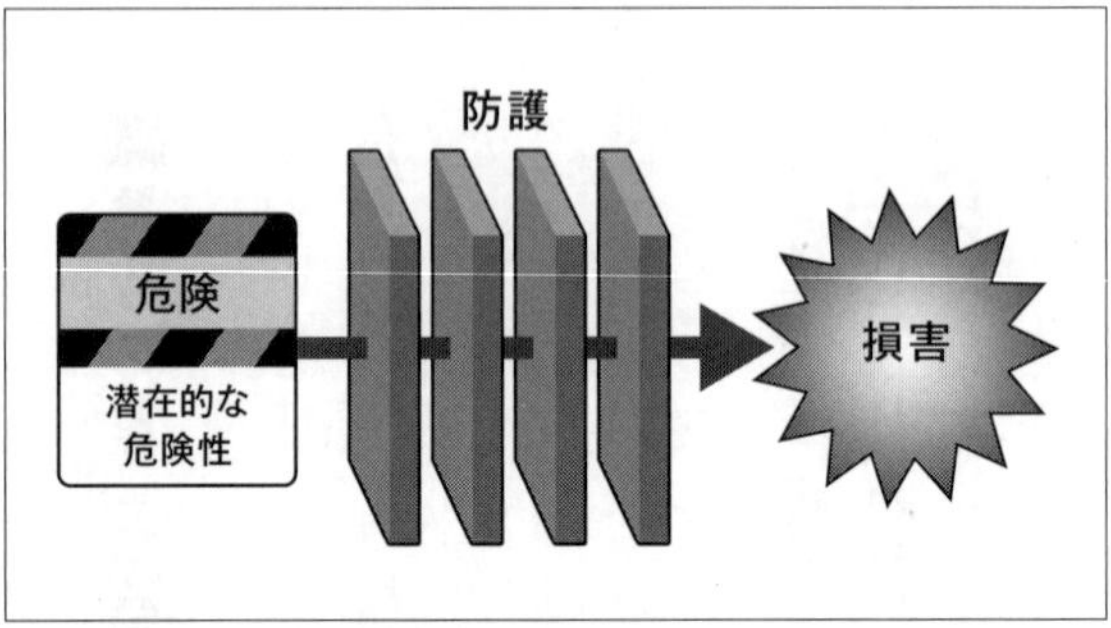

潜在的な危険性、防護と損害の相互関係
出典：リーズン（1999）

はきわめて大きな危険を抱えています。もちろんうまく防護できれば、それと引き換えに大きな便益を得られます（それは企業にとっての大きな利益ということにもなります）。ただし、潜在的な危険が大きい以上、防護は徹底した、厳重なものでなくてはなりません。防護に失敗すれば損害が発生します。それが「事故」なのです（上図）。

では、どうすればそうした優れた性質を持つ防護をすることができるのでしょうか。

一つの防護が破られればただちに危険に直面するようなやり方では不十分なことは明らかです。また、何重にも防護をしたといっても、同じ防護をむやみにいくつも講じるだけでは、一つの弱点からたちまち全部の防護が破られる危険があります。

そこで、「複雑で近代的な産業」では、性質の異なるさまざまな防護を異なる手段と方法で何重にも講じることで、もしどれかが破られても他の防護がそれを補って安全を保ち続けるようにするのです。また、個別の防護は、それぞれ一つだけでも最低限必要な危険の封じ込めができるようなものにするのが最善です。そうすれば、何重にも防護が破られたとしても、最後の一つの防護さえ破られなければ、損害の発生には至らない（事故は起きない）で済むからです。

こうしたやり方をリーズンは「深層防護」と呼びました[20]。

実際、ＤＷＨの例でも、手順や装置などによって暴噴事故が起こらないように、あるいは、起こってもその被害を最小限にできるように防護が講じられていたはずでした。

前述の原因の多くは、それらが本来どおりになされなかったことを示しています。

防護を破るもの

リーズンは、この一見すると万全で、安全に役立つことしかなさそうな深層防護こそが、「平穏無事に潜む危険」が大事故の発生にまで至る最大の要因だと見なし、私たちの注意を促します。

深層防護で講じられるそれぞれの防護は、さながら分厚い壁のように私たちと潜在的な危険の間を隔てます。そしてそれらが何重にも重なれば、見るからに安心感がありますね。

20　ただし、リーズンの言う「深層防護」の定義は、各技術分野で専門的に定義される「深層防護」とは重なりつつもやや異なる部分もあります。例えば、原子力安全で言う「深層防護」とは、用語の意味内容として重なる部分と、はっきり異なる部分があります。その詳細は本書の領分を超えますので説明を省きますが、関連する研究や事業に専門的に関わる方は、混乱を防ぐために言葉の使い方に一定の注意が必要です。

しかし、残念ながら現実には、それらの防護には穴やほころびが生じます。穴を空けてしまう要素としては、まず、突発的な機器の故障や天候などの一時的な環境条件、さらには前章まででもずっと問題になっているヒューマン・エラーなどがあります。これをリーズンは「即発的エラー」と名付けます。

あるいは、実はこちらのほうがリーズンがより問題視する要素なのですが、時間をかけて形成される、安全を損なう方向に作用する組織や現場の状況があります。前章でヴォーンが描いたNASAの様子（逸脱の常態化）を思い浮かべるとわかりやすいでしょう。こちらは「潜在的原因」と言われます。

DWHの場合であれば、前述した事故の原因の多くは「即発的エラー」と言えますが、なぜ、マニュアルを遵守する現場の雰囲気がなかったのかとか、作業の遅れをそれほど気にしたのかとか、地上側の担当者は問題のあるセメントを現場の危険を顧みずに送ってしまったのかとか、安全装置の不良が見過ごされていたのかとかいった事柄は、むしろ「潜在的原因」に深く関わります。

「スイス・チーズモデル」

そして、即発的エラーと潜在的原因はどちらも防護に穴を空けます。穴が空いた防護はさながら「スイス・チーズ」（穴あきチーズ）のようです。[21] これを「スイス・チーズモデル」と呼びます。

横からは分厚い壁に見えた防護も、正面に回って見てみれば穴だらけのスイス・チーズだった、それが深層防護の理想と現実だ、とリーズンは言います（次頁上図）。

ここで問題になるのが、「平穏無事に潜む危険」との関係です。

仮に個々の防護の壁に一つや二つ穴が空いても、防護は何重にも重なっていますから、安全はびくともしません。あるいは、複数の防護の壁に穴が空いても、穴の位置がずれている（そのことは要素と要素のつながりがほとんどないか、全くないことを示します）のなら、実際には何も起きません。たとえ何枚も同じ位置に穴が空いてしまっても、最後の防護の壁の同じ位置に穴が空いていないうちは、何も起きないのです。なぜなら、先ほど述べたように、それぞれの防護はそれ一つだけでも十分に危険を封じ込められるような厳重なものである場合がほとんどだからです。

防護の壁の最後の1枚がかろうじて維持されているとしても、「平穏無事」であることには変わりがないのです。これがまさに、無事故祝賀行事をしていたときのDWHの状況そのものと言っていいでしょう。そして、最後の1枚に穴が空いてしまった瞬間、突如として大事故が起きます。BP社自身が行った事故調査報告書でも、この「スイス・チーズモデル」を用いた原因の分析がされています（97頁図）。

「スイス・チーズモデル」は、「以前から多くの問題があった」「いつかは大事故になるのではと心配していた」といった証言が出ることと、「7年間の無事故記録」は両立することを説明します。問題

21　穴あきチーズのことを英語で「スイス・チーズ」と呼ぶことにちなんでいます。実際にはエメンタールチーズなどの穴あきチーズがみんなスイスの特産というわけではないようですが……。

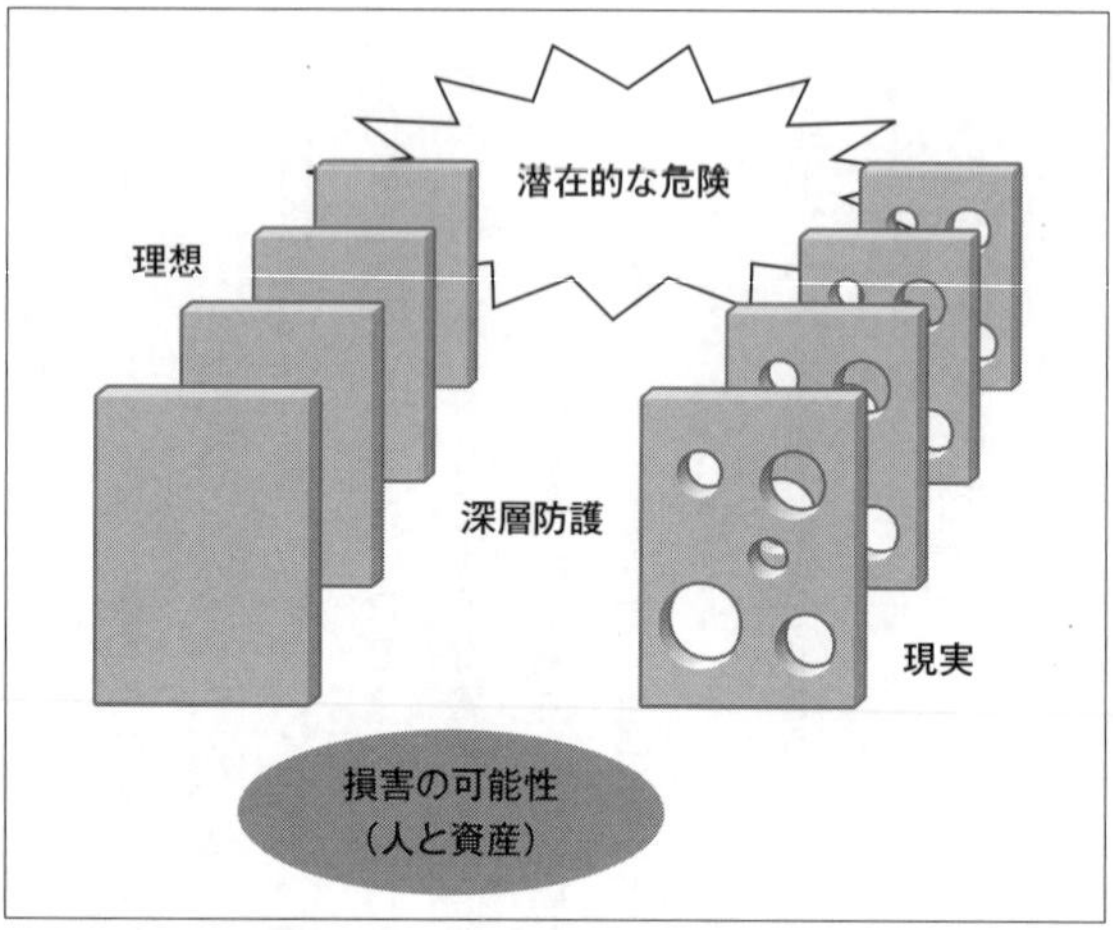

深層防護の理想と現実
出典：リーズン（1999）

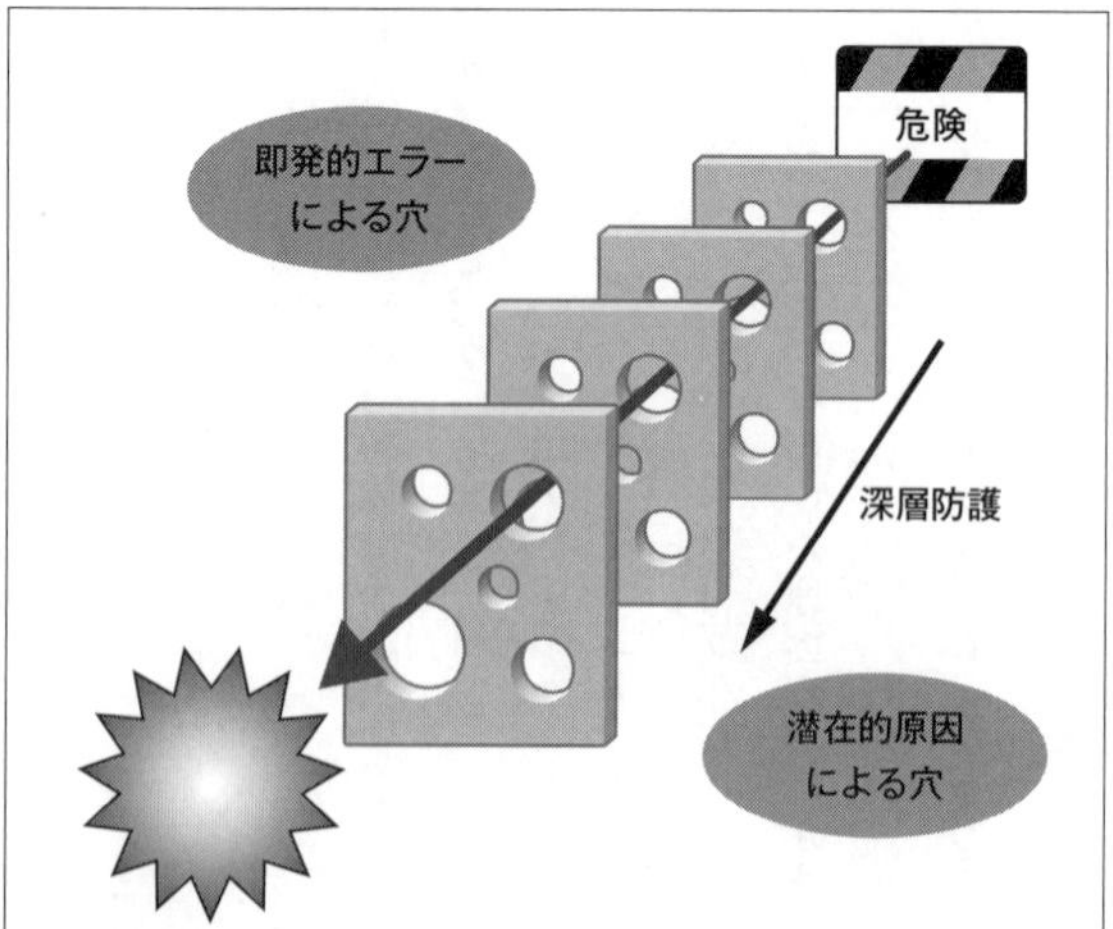

事故の発生経緯
出典：リーズン（1999）

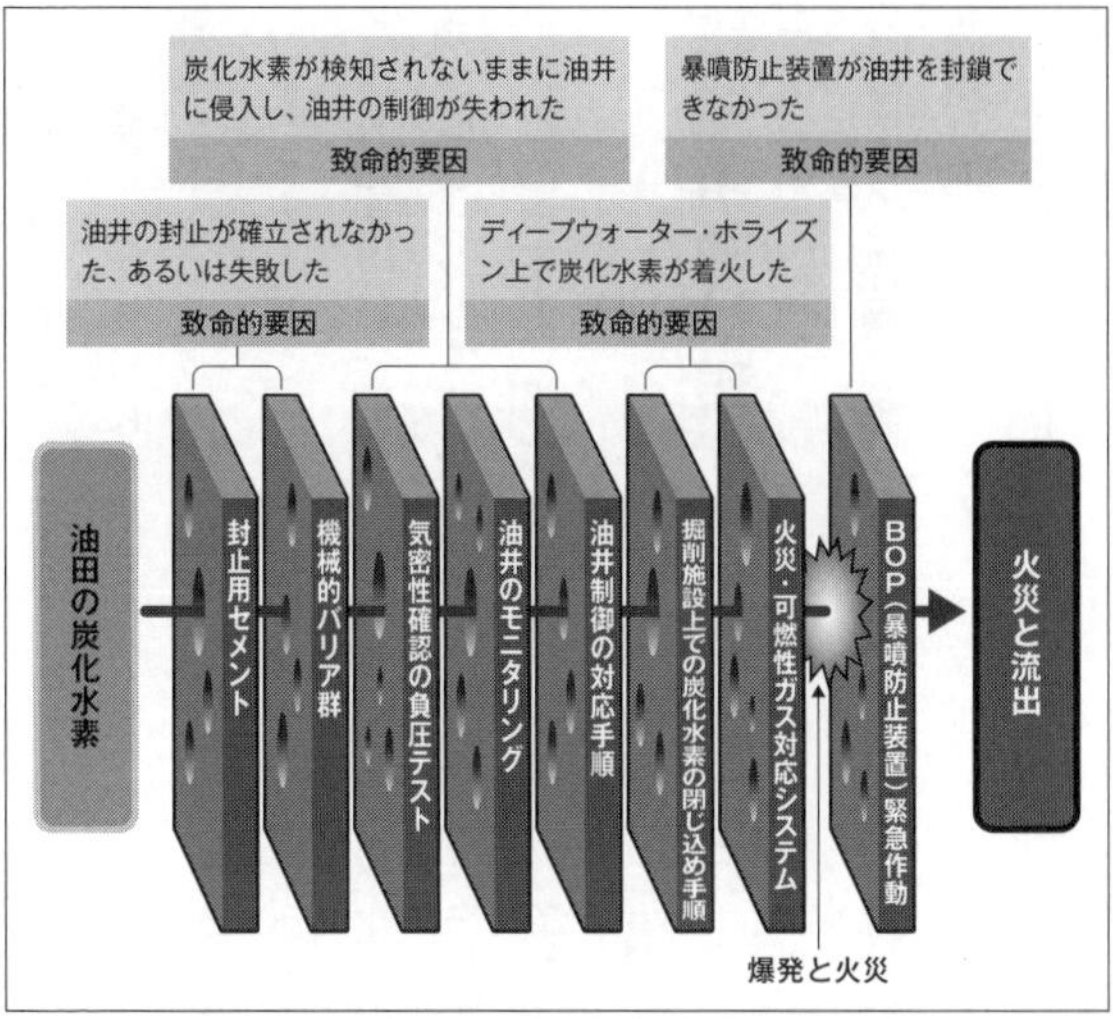

致命的な要因に関わった、破られた複数の防護と各防護間の関係
（BP 社事故調査報告書より筆者が和訳して作成）

を指摘する証言は、防護のあちこちに穴が空いていたことを示しています。他方で、それでも長期間無事故であったことは、深層防護のおかげで、個別の防護に穴があっても事故にはつながらずに済んでいたことを示していると解釈できます。

また、地上の担当者が不安を感じずに不十分な性能のセメントを送ってしまった理由も、以下のように考えられます。それは「ある防護に「小さな」問題点があっても、他の防護で十分補われるから大丈夫だろうと皆が考えてしまいがちになる」ということです。担当者は「DWHで事故が起こってしまって、誰かがケガをしたり、あるいは死んでしまったりしてもかまわない」などと悪意を持って不十分な性能のセメントを送ってしまったとは思われないのです。

むしろ、「このぐらいなら他の部分で十分安全が保たれるだろう」と安心しているからこそ、良心の呵責を感じずに、それどころか、安全を損なう可能性のある行為に加担しているという自覚もなしに、仕事ができてしまうのです。

実際、そのように仕事をしていても、何ヶ月も、何年も「平穏無事」でいられる場合がほとんどです。下手をすれば、その職場での自分のキャリアの間で一度も大事故には関わらないかもしれません。いや、そのように済んでしまう人のほうが、世の中ではきっとずっと多いのです。

これはまさに、前章で見た「逸脱の常態化」の特徴とも重なります。私たちは、単に怠慢だったり意識が低かったりするから防護を損ねてしまうのではなく、経験的に防護を信じてよいことを十分に知っているからこそ、組織事故の発生に関与してしまいかねないのです。

組織事故は現代の技術の宿命

つまり、深層防護がなされた「複雑で近代的な産業」では、平穏無事が続いていても、それは大事故の可能性が低い、あるいはない状態であることを全く意味しません。

これは衝撃的な予言です。

「厳重な防護は安全をもたらす」「事故がずっと起こらないのはそのおかげであり、そのことの有効さを表す証拠でもある」といった、安全に関して多くの人が持ちそうな通念が根本的にひっくり返されてしまうからです。

もちろん、だからといって深層防護をやめることはできません。多重に講じられた防護がないままでは、複雑で近代的な産業はもとより成り立たないことは誰でもわかります。

では、「気を付けて」深層防護すればよいのでしょうか。あるいは、防護の層をどんどん増やすなど、深層防護をもっと厳重にすればよいのでしょうか。それも否です。

リーズンは、高度な深層防護は「システムをより複雑にし、その管理者や運転者にとって、システムが不透明なものになってしまう」と指摘しています。深層防護をすればするほど、誰もその全体がわからなくなるからです。これはペローの見方にもやや通じますね。

また、リーズンは、深層防護の結果、「人間は肉体的にも知的にも生産システム全体から距離を置くようになってしまった」とも言います。

例えば、遠隔制御は潜在的な危険から人間を守る現代的な防護手段の典型で、それはきわめて効果的である一方、人間の五感で直接察知すれば気付くような異常を、計器や画面などを通した解釈からしか見つけられなくします。

DWHの事例で、もし、人間が井戸の先端まで行って、現場でセメントによる仮詰め作業を監督したり、結果を確認したりできたなら、おそらく事故は起こりませんでした。セメントが正しく充てんされず、密閉がなされていないことを直接的に確認できるからです。

しかし、現実にはそれは不可能です。そのような地下は高温高圧で人間は耐えられませんし、防護服のようなものを着用して現場に行くことができたとしても、それこそ万一の暴噴が起きたら、なすすべもなく犠牲になってしまいます。ですから、私たちは遠隔操作でセメントを注入し、圧力計のような計器を使って密封の成否を間接的に確認します。離れた場所から危険な現場を操作したり監視したりできること自体が危険と私たちを何重にも隔てる深層防護なのです。

ところが、DWHの事例では、テストの結果を不適切に（自分たちに都合のいいように）解釈し、誤った判断をしてしまいました。現場の状態が見えない中で、作業員たちはその誤りに気付くことはできなかったのです。

また、何重もの防護を要する大がかりな事業ゆえに、関わる人たちは増え、それぞれが他の部署の人には必ずしも十分にはわからない専門知識や互いに知らない情報を持って仕事をするようになります。セメントの担当者は現場で他の問題が起きていることは知りませんでした。現場はセメントに問題があることは知りませんでした。誰かが1人で全体を見渡すには、あまりにも事業が大規模で複雑になってしまい、どこにどんな問題が潜んでいるのかを把握することが難しくなってしまっていたのです。

こうした事情は、潜在的原因を知らず知らずのうちに助長し、私たちがあらかじめ問題点に気付いて手を打つきっかけを損ないます。

リーズンは、「深層防護が近代的なシステムを可能にし、しかし、深層防護が組織事故の出現を招く『最大唯一の原因』」だと喝破しています。複雑で近代的な産業は、根本的に組織事故から逃れられないのです。

「安全文化を高めよう!?」

ではどうすればいいのでしょうか。リーズンは、潜在的原因はつまるところ、組織の文化に起因すると考えました。

例えば、十分に資金や人員を割り当てない、使いづらく性能の低い設備や装置を放置する、作業現場の現実とかけ離れた規則やマニュアルを策定してそのままにしておく、他方で、生産量の増加や生産コスト・工期の削減を繰り返し要求する、といった経営を企業の上層部が続ければ、現場はなんとかそれに応えようとして、その資源（本来持っている力）の多くを生産性の向上に振り向け、安全を見直したり高めたりしようとはしなくなるでしょう。規則やマニュアルに反した手順の省略・変更が横行するはずです。

これは潜在的原因の蓄積そのものです。時間をかけてチーズの穴をどんどん増やすことになり、組織事故発生の可能性を大いに高めます。

実際、DWHの事例では、工期の遅れによるコストの増大を懸念した上層部が、現場に対して遅れを取り戻すように強いプレッシャーをかけていたことがわかっています。DWHでは1日当たり日本円で1億円程度の操業コストが生じていたと言います。セメント注入による密閉の成功率を上げるための補助器具を追加で送らずに作業を進めるように指示した本部責任者は、追加送付による半日の作業遅れに伴うコスト増大を嫌っていたわけですが、それは5000万円程度にもなりますから、どうでもいい少額とは言えなかったのです（もちろん、事故が起きてしまった今となっては、被害額を考えれば少額とも言えるかもしれませんが）。こうした組織の姿勢は、一朝一夕につくられるものではなく、時間の経過の中で形成されるのです。

他方で、最後に残った防護に穴を空け、事故を引き起こしてしまうのは多くの場合、即発的エラーであり、しばしばそれはヒューマン・エラーです。

しかし、だからといってそれに関わった当事者（ミスや違反をした作業員の人など）を事故の「原因」として糾弾するのは意味がないというのがリーズンの主張です。なぜなら、深層防護とは本来、即発的エラーがあっても大丈夫なようにするためのものだからです。深層防護の現実をスイス・チーズのようにしておいて、最後の穴を空けた人の責任を追及するのはバランスを欠きますし、再発防止のためにも効果的とは思えません。

言ってみれば、組織が作業の現場に立つ個人にミスを「起こさせている」のですから、その責任も個人にではなく、組織にあるとするのが当然でしょう。

例えば、事故発生当時の現場責任者は、当日が無事故記録の祝賀行事であることを知っており、DWH全体の責任者に迷惑をかけまいとして、圧力の異常が生じていたのに自分たちでなんとかするからと言って、責任者に行事に行くよう促しました。また、現場責任者本人は、翌朝、シフト勤務が明けたらDWHから地上に戻って昇進することが決まっていたと言います。なおのこと、「いい格好」

をしたかったのでしょう。そして彼は、負圧テストの結果を不適切に解釈することも主導し、暴噴前に処置をするチャンスを失わせ、事故の直接的な原因をつくってしまいました。

もちろん、これを現場責任者個人の主観的な考えの結果だ、重大なミスだと言えばそれまでです。彼は命を落とし、その責めを負ったとも言えるのかもしれません。

しかし、祝賀行事よりもトラブル対応を優先することによって誰かの体面（いわゆる「メンツ」）がつぶれてしまうようなことがない組織の文化を普段からつくることができていれば、あるいは、そうは言ってもマニュアルに明らかに違反するのは良くない、と皆が声を揃えて現場責任者を止めることができる雰囲気であれば、現場責任者の「暴走」はなかったかもしれません。

ですから、再発防止のためには、組織の一人ひとりについて、誰が悪かったのかを突き止めることよりも、どうすれば組織全体がより安全に意識を向けられるようになるかを考える必要があります。そして、何かが起こってから手を打つというのではなく、「何も起こっていなくとも」防護に穴を空け、安全を損なっている要素はないか、逆に、防護を厚くし、あるいは穴を塞いで、安全を高める手を講じられないか、平素から不断に取り組む姿勢を持たねばならないということになります。

こうした、安全向上を組織全体で常に求めようとする良好な組織文化は「安全文化」（safety culture）と呼ばれます。リーズンは、それを四つの要素に分解しているので、簡明に要約して紹介してみましょう。

・報告する文化：組織の中で安全に関する情報を積極的に共有する気運

・公正な文化：するべきこと、やっていいこと、してはいけないことの境界線が明確で、それらについての顕彰や処分に対する構成員の納得感

・柔軟な文化：時とともに変化する要求や、危機の際の突然の要求にも、必要な役割や権限をすぐに調整できる備え

・学習する文化：現状に満足せず、経験や情報を活かして、ときには果断な手直しをすることもいとわない姿勢

リーズンはこれら四つの要素を組織が備え、高めることができれば、「安全文化」が実現するとしました。すなわち、「安全文化」は明確な指針によってつくり、高められるとしたのです。

もともと、「安全文化」は、１９８６年に旧ソビエト連邦で起きたチェルノブイリ原発事故の事故調査の結果、安全よりも他の要素（体面の維持、上層部の指示の遵守など）が優先されていたことが事故の原因に大きく関わっていたことがわかったのをきっかけに提唱された言葉です。原子力発電のような潜在的危険の大きな分野では、何よりも常に安全を最優先するような雰囲気や姿勢を組織の中

に浸透・徹底させなければならない、とされたのです。

その後、各国・各分野でその浸透と徹底が奨励されるようになりましたが、具体的にどんな部分をどのように改善すれば「安全文化」につながるのかは手探り状態でした。リーズンは、それに明快な具体論を与えた点が画期的でした。

組織は変われるか

それでもなお、「安全文化」は「言うは易く行うは難し」の典型でもあります。

皆さんが自分の所属している組織で、まだ「何も起きていない」うちに安全を高めるための提案をし、実行しようとする場面を想像してみてください。

安全を高めるには、日々の業務のやり方を変えなければならない場合もあります。それは従来よりも手間がかかるように思えるかもしれません。あるいは、自分が慣れ親しんだやり方を変えることそのものに抵抗がある場合もあるでしょう。また、設備を更新したり、人員を増やしたりして安全を高めるという場合は、現場での工夫という話にとどまりません。明らかに経営上の判断が必要です。その際、まだ「何も起きていない」のにそれが必要であること、効果的であることを説得し、幹部たちに認めてもらうのは多くの場合容易ではないでしょう。

あるいは、株式会社の場合、最終的な経営判断には株主も関与します。経営幹部が仮に安全優先の決定を率先して行おうとしても、株主から、まだ「何も起きていない」のに短期的には経費を増大させ、利益を圧迫するような判断をすることへの異論が出るかもしれません。

実際、BP社の場合、DWH事故の5年前の2005年にも、同じメキシコ湾地域にある地上の石油精製工場（いわゆる製油所）で爆発炎上事故が起き、15名が死亡し、170名以上が負傷しています（テキサスシティ製油所事故）。

その際の事故調査や社会からの批判の中で、BP社は生産性（利益）を優先しすぎて、必要な安全投資を行えていなかったと厳しく指摘され、少なくとも「建前論」としては改善を約束し、安全文化を高める措置を講じようとしていました。しかし、DWH事故の後には、再び同じ問題点を指摘されています。

「安全文化」を奨励することそのものに反対する人はほとんどいません。また、ペローの悲観的な予言に比べれば、「安全文化を高められれば、事故を防げる、少なくとも減らしたり軽減したりできる」「それはいくつかの要素に分解でき、実際上の努力をすれば必ず高められる」という方向性を示すリーズン流の考え方は、実業・実務に関わる経営者や実務家にはずっと魅力的です。

しかしその具現化が簡単ではないこともまた、明らかです。これが、多くの組織が大きな失敗、とりわけ事故を引き起こしてしまった後、再発防止を誓い、安全文化の向上に取り組むにも関わらず、しばしばその再発に見舞われることの背景にある難問なのです。皆さんは「安全文化」というアイデアをどのように受け止めたでしょうか。

【参考資料】

ウェブ上で読める一般向けのもの

「2010年メキシコ湾原油流出事故」、https://ja.wikipedia.org/wiki/2010年メキシコ湾原油流出事故、Wikipedia、（参照 2020年2月）

一般向けのテレビ番組

「衝撃の瞬間——石油掘削基地の爆発炎上」、ナショナル・ジオグラフィック・チャンネル（2012）

より詳しく知りたい方へ

J・リーズン：『組織事故　起こるべくして起こる事故からの脱出』（塩見弘監訳、高野研一、佐相邦英訳）、日科技連出版社（1999）

J・リーズン：『組織事故とレジリエンス　人間は事故を起こすのか、危機を救うのか』（佐相邦英監訳、電力中央研究所ヒューマンファクター研究センター訳）、日科技連出版社（2010）

S・デッカー：『ヒューマンエラーは裁けるか　安全で公正な文化を築くには』（芳賀繁監訳）、東京大学出版会（２００９）

National Commission on the BP Deepwater Horizon Oil Spill and Offshore Drilling：“Deep Water: The Gulf Oil Disaster and the Future of Offshore Drilling, Report to the President”, U.S. Government Printing Office.（２０１１）https://cybercemetery.unt.edu/archive/oilspill/20121210172821/http://www.oilspillcommission.gov/（参照 ２０２０年２月）

J.Reason：Managing the risks of organizational accidents, Ashgate Publishing.（１９９７）

BP：“Deepwater Horizon Accident Investigation Report”（２０１０）https://www.bp.com/content/dam/bp/business-sites/en/global/corporate/pdfs/sustainability/issue-briefings/deepwater-horizon-accident-investigation-report.pdf（参照 ２０２０年２月）

“Deepwater Horizon”、https://en.wikipedia.org/wiki/Deepwater_Horizon、Wikipedia（英語版）（参照 ２０２０年２月）

“Deepwater Horizon oil spill”、https://en.wikipedia.org/wiki/Deepwater_Horizon_oil_spill、Wikipedia（英語版）（参照 ２０２０年２月）

“Deepwater Horizon investigation”、https://en.wikipedia.org/wiki/Deepwater_Horizon_investigation、Wikipedia（英語版）（参照 ２０２０年２月）

7

原因究明か、責任追及か

日航機乱高下事故と機長の裁判

組織事故の被害とどう向き合うか

前章では、リーズンの主張を参照して、組織事故では、作業の最前線に立つ個人のミスの責任を問うことよりも、組織がミスを起こさせていると考えるべきであるという考え方を紹介しました。次の事故を少しでも防ぎ、より安全な社会を実現する上では、そうした考え方は全くもって正当であるように思われます。

しかし、皆さんが不幸にも「起こるのが比較的まれ」である組織事故の被害の当事者となったら、どうでしょうか。

本章と次章では、事故の「被害」と、当事者や社会がどう向き合うべきなのかを考えてみます。まずは再び航空機の事故の事例を取り上げます。航空機の事故は「比較的まれ」ではあるけれども、残念なことに現在まで繰り返し起き続け、ときには重大な被害を生じています。そして、まさにそれを理由として、事故から学ぶ仕組みや、事故の責任の所在をはっきりさせる仕組みがどの国でもかなり整っています。うれしいことではないかもしれませんが、航空機事故は組織事故の見本例としての性質を持っているのです。

「唯一の」人身死亡事故

１９９７年6月8日、啓徳空港（現香港国際空港）から名古屋空港（現名古屋飛行場）に向けて、日本航空７０６便ＭＤ-11型機が飛行していました。

またしてもですが、ＭＤ-11型機は当時最新鋭の機材で、この日の機体は日本航空が導入した同型機の初号機で、営業運航開始から3年ほどが経過していました。

午後7時34分頃、７０６便は着陸のため、三重県志摩半島上空を降下していました。降下速度が増加しすぎていることに気付いたパイロットは、それを正すための操作をいくつか行います。それらはいずれも理にかなった、規則に従ったものでした。ところが、降下速度の増加は続き、それどころか午後7時48分頃、突然、急な機首上げが発生します。さらに自動操縦が解除されてしまい、機首の激しい上下動が数回にわたって続きました。

この乱高下で、シートベルトを着用しておらず、身体が座席に固定されていなかった乗員や乗客計14名が投げ出されて天井や壁、座席などに衝突して負傷しました。

機体の損傷はなく、操縦系統も正常な動作を回復したため、７０６便は15分遅れの午後8時15分に名古屋空港に無事着陸しました。しかし、もっとも深刻な重傷を負った客室乗務員1名は重体から回復せずに1年8ヶ月後の１９９９年2月に亡くなります。

この事故は、1985年8月12日に発生し、520名の乗員・乗客が亡くなる国内での史上最悪の航空事故となった日本航空123便事故（日航ジャンボ機墜落事故）以降、本稿執筆時点の2020年2月まで、日本国籍の大型ジェット旅客機で発生した唯一の人身死亡事故となっています。

事故調査の結果：「習熟が不十分」

では、約35年間もの期間で唯一の死亡事故は、いったいどのような原因で発生したのでしょうか。事故の2年半ほど後、1999年12月に公表された公式の事故調査報告書の結論をまとめると、原因は同機が巻き込まれた乱気流と、そうした場合の操縦操作についてパイロットの習熟が不十分であったことの複合による、というものでした。

事故機はいわゆる晴天乱気流（目視やレーダーでは感知できない、雲を伴わない乱気流）に不意に遭遇したと考えられます。それはフライト・データ・レコーダーに記録された風向や風速の急激な変化から推定されました。この晴天乱気流が、機体の降下速度を不必要に増加させたり、急な機首上げを引き起こすきっかけをつくったりしました。

他方で、事故機は高度な自動操縦機能を搭載しており、手動操縦中も含めてパイロットの操作を補正するものであったのにもかかわらず、操縦していた機長がその特性を十分に理解せず、急な機首上げに驚いて過剰な手動操作により姿勢を修正しようとしたため、機体の安定を補っていた自動操縦装

1990 年代半ば当時の最新鋭機、MD-11 型機

航空機が強い乱気流に巻き込まれて大きく揺さぶられると、機内では固定されていない人や物が投げ出されてしまいます

かつてベストセラー機だったDC-10型機（右）とその改良型であるMD-11型機（左）

燃費向上のために機体後端の水平尾翼や垂直尾翼はむしろ縮小されているのがよくわかります。機体が大型化しているのに尾翼を縮小すれば空気力学的な安定性は低下してしまうのですが、それをコンピューター制御で補い、燃費と安定性を両立させようとしました

置が解除されてしまった、と事故調査報告書は分析しています。

しかも、機体の姿勢の必要以上の変化と、それを補正しようとする機長の過大操作が繰り返されたために、反復して数度にわたって機体が乱高下して、客室の乗員・乗客が投げ出されたというのです。

事故調査は法律によって設置されている航空事故調査委員会（当時）によって行われました。委員会による調査の目的は、あくまでも原因究明と再発防止です。パイロットなど、個人の責任を追及し制裁を加えることは目的とはしていません。そのことは法律によっても、事故調査委員会自身によっても明確にされていました[22]。

航空事故調査委員会が機長の操縦が十分適切ではなかったと言うとき、それは機長を非難したり糾弾したりしているのではなく、あくまでも事実として及ばない点があったと言っているにすぎません。実際、委員会はそのことを受けた再発防止策として、機長への処分や制裁ではなく、自動操縦装置の改良、マニュアルや訓練の改善を求めていました。

機長の刑事訴追と裁判

しかし、この事故では死傷者が出ています。それが航空機の安全に責任を負うべき立場の個人の落ち度（過失）によるものであるなら、刑法が定める犯罪、いわゆる「業務上過失致死傷罪」に該当します。

事故調査報告書が出されてさらに1年強が経過した2001年3月、愛知県警は706便の機長を同罪の疑いで書類送検し、同5月、名古屋地検が機長を在宅起訴しました。機長の操縦が必ずしも適切ではなかったとされたことが、いまや、犯罪に当たる過失として刑事裁判の対象になったのです。

裁判では、調査に関与した航空・鉄道事故調査委員会（2001年に航空事故調査委員会から改組）の委員が証人として出廷して証言を行ったほか、航空事故調査報告書が証拠採用されました。これらはいずれも、1974年の航空事故調査委員会発足以来、初めてのことでした。

22 航空事故調査委員会はその後、航空・鉄道事故調査委員会へと改組され、さらに2008年には海難事故も含めて調査する運輸安全委員会へと発展しましたが、一貫してこの点の変化はありません。

裁判で検察側は、業務上過失致死傷罪により、機長に禁錮1年6月を求刑していましたが、一審名古屋地裁（2004年4月）、二審名古屋高裁（2007年1月）ともに無罪の判決でした。二審判決後、名古屋高検は最高裁判所への上告は断念し、2007年1月23日、事故から約10年を経て機長の無罪が確定しました。

パイロットたちの不満

こうした刑事裁判の経緯の中で、機長本人や他のパイロットたちからは、強い疑問や不満が表明されました[23]。

まず、そもそも事故調査報告書は原因について、機体の特性の問題点にはあまり重きを置かずに、機長の操縦の問題だと分析したことに疑問が寄せられました。事故を起こしたMD‐11型機は燃費改善のために縦方向の空力的な安定性を最小限とし、コンピューターによる高度な自動操縦機能による制御でその部分を補っていました。しかし、極端な気象条件のもとではそれが十分に機能せず、機体姿勢が急変してしまうケースが他にも起こっていたとパイロットたちは指摘します。

また、機長の急な操作で自動操縦装置が解除されたという分析についても、操縦室での揺れが非常に大きく、機長が意図を持って操縦桿を操作し続けられる状況になかったとか、自動操縦が解除されるほどの大きな操縦桿の操作は（第2章、第3章での話と同様です）、フライト・データ・レコーダーに記録されていなかったとか、事故調査委員会の採った説の矛盾点も指摘されました。

パイロットたちは、この事故の主要な原因はやはり同型機の安定性能の不足による部分が大きく、パイロットの操縦が関係した部分はもっと少ないと考えたのです。したがって、事故調査委員会の報告書の結論自体に問題点があるというのが、彼らの言い分でした。

さらに、パイロットたちはそもそも、事故調査と刑事裁判を結びつけた日本での経緯は、国際的な共通了解に反し、実際に「国際民間航空条約」という、日本も批准している国際条約に違反していると批判します。確かに、国際民間航空条約の条文[24]を見ると、事故調査記録は事故調査そのもの以外の目的に用いてはならないと書かれています（次頁資料）。

パイロットたちのこの点への批判は国内に限られた意見ではなかったようです。当時の新聞記事を調べると、一審判決後の２００４年に世界各国の機長40人が成田空港でこのことに抗議するデモを行い、利用者に同様の意見を伝える抗議ビラも配布したと報じられています。

23　代表的な意見とその根拠は、日本乗員組合連絡会がこの事故に関して発信した一連の見解を参照するとよいでしょう。参考資料欄に入手先を記載しています。

24　正確には条約本文ではなく、その「第13付属書」に事故調査で得られた情報の用途を制限する規定があります。

国の適切な司法当局が、記録の開示が当該調査又は将来の調査に及ぼす国内的及び国際的悪影響よりも重要であると決定した場合でなければ、調査実施国は、次の記録を事故またはインシデント調査以外の目的に利用してはならない。

a) 調査当局が調査の過程で入手したすべての口述
b) 航空機の運航に関与した者のすべての交信
c) 事故又はインシデントに関係ある人の医学的又は個人的情報
d) コックピット・ボイス・レコーダに記録された音声及びその読み取り記録
e) フライト・レコーダの情報を含めて情報の解析において述べられた意見

事故調査報告書の使用に対する警告

「日本は ICAO Annex13 を守っていない！」（日本乗員組合連絡会議）より引用

※インシデント：事故などの危難が発生する恐れのある事態（事故になってもおかしくなかったが、幸いにもそこまでは至らずに済んだ事態）

ヒューマン・エラーをどう防ぐのか

本書でも第2章、第3章で見たように、現代の航空事故の多くにはヒューマン・エラーが関係しています。当然、それを防ぐ方法もまた、ヒューマン・ファクターに関わります。

ここで、ヒューマン・エラーを「乗務員のミス」として処分（刑事訴追やそれによる処罰など）の理由にしてしまうと、乗務員たちはミスを隠したり、詳細に報告しなくなったりするでしょう。このことを防ぐために、条約や各国の法律は「事故調査と刑事訴追の分離」という原則を掲げています。また、各航空会社や各国当局も、幸いにも事故やトラブルには至らなかったミスの事例について、積極的に報告するようパイロットたちに勧奨しています。そうした事例には、大きな事故を防ぐために有効な、ヒューマン・エラー防止のヒントが隠されていると考えられるからです。

さらに前章で見たように、そもそも本来は高度な深層防護がなされて危険が厳重に封じ込められているはずの航空分野で、それでも事故が起こる場合、それは現場の作業者（典型的にはパイロット）だけの責任と見るべきではなく、組織の問題だと見るほうが有益なはずです。

そして実際に、残念なことではありますが、航空分野ではヒューマン・エラーに大きく関係する事故が継続的に発生し、しかしそれと同時に、ヒューマン・エラーを防止して事故を未然防止し、安全性を向上させてきた実績があるわけです。

前章で、リーズンが安全文化の四つの要素に、「報告する文化」と「公正な文化」を含めていましたね（筆者が第6章でまとめたものを再掲）。

・報告する文化：組織の中で安全に関する情報を積極的に共有する気運
・公正な文化：するべきこと、やっていいこと、してはいけないことの境界線が明確で、それらについての顕彰や処分に対する構成員の納得感
・柔軟な文化：時とともに変化する要求や、危機の際の突然の要求にも、必要な役割や権限をすぐに調整できる備え
・学習する文化：現状に満足せず、経験や情報を活かして、ときには果断な手直しをすることもいとわない姿勢

実は、「報告する文化」を実現するためには「公正な文化」が深く関わっています。というのも、組織の構成員は、自分たちが不当に責任を押しつけられたり、職務経験上の感覚にそぐわない過度に重い処分を受けたりすると思えば、自衛のために、報告を躊躇するようになってしまうからです。もちろん、何をしても処分されないとか、どんなときも責任を免れてよいとは誰も思っていないわけで

すが、当事者たちが「それはもっともだ」（公正だ）と思える仕組みになっており、実際にそう思える扱いが積み重ねられていくことが「文化」をつくるのです。

社会や事故調査委員会、司法当局などが、機体の問題などの他の理由があるのにパイロットたちばかりに不当に重く責任を押しつけ、彼らが過度な処分を受けていると強く感じるようになり疑心暗鬼を深めてしまうと、「公正な文化」は損なわれ、安全文化の実現もまた遠のいてしまいます。[25]

これらの理由から、機長のミスを「過失」と見なし、機長個人に対する刑事訴追を通して処罰を行うことで戒めとし、また被害に報いようとした日本のやり方に疑問の目が向けられたわけです。

社会正義と責任追及

しかし、そもそもなぜ、刑事訴追が行われたのでしょうか。もっと言えば、なぜ日本の刑法は「業務上過失致死傷罪」を犯罪とし、それに対する処罰を規定しているのでしょうか。

それは社会通念上、故意ではない過失によるものであっても、ある人の行為（あるいは不作為）のせいで他の人が死傷することは社会正義の観点からそのまま見過ごすことはできないと考えられているからです。

25　この問題については、参考資料に挙げたS・デッカー『ヒューマンエラーは裁けるか　安全で公正な文化を築くには』（東京大学出版会、2009）が詳しく論じています。

例えば、自動車や自転車、歩行者の間での交通事故を考えればどうでしょうか。自動車を運転している人が、前方不注意や運転操作の誤りなどで人身死亡事故を起こし、人を死傷させたとしましょう。そのことが客観的証拠によって明らかであれば、運転者は自動車運転過失致死罪で訴追され、裁判の結果に従って刑罰を受けることになります。

次頁に引用したように、法務省の統計によれば2018年には42万人以上の人が過失運転致死傷罪で検挙され、そのうち約4000人が裁判で有罪とされて、懲役や禁錮の刑罰を言い渡されています。不注意などから（故意ではないが）重大な人身死亡事故を起こしてしまった人たちということになります。過失であっても「犯罪」として裁かれ、「犯罪者」や「加害者」として刑罰を受けることが一般的に行われているのです。[26]

自動車も技術の進歩によって複雑化していますし、事故の原因に道路の状況や気象条件などが関係する場合もあります。交通事故も「組織事故」と似た性質を全く持っていないわけではないとはいえ、ほとんどの場合、自動車の運転者は交通事故の結果（この例の場合であれば人の死）に対する過失責任を問われて、刑事処分を受けているわけです。

もしそうした法律や仕組みがなければ、交通事故の被害者はみんな泣き寝入り、運が悪かったと思ってあきらめるしかない、ということになります。それは社会通念、人々の道徳観に照らしてあんまりだと多くの人は思うでしょう。

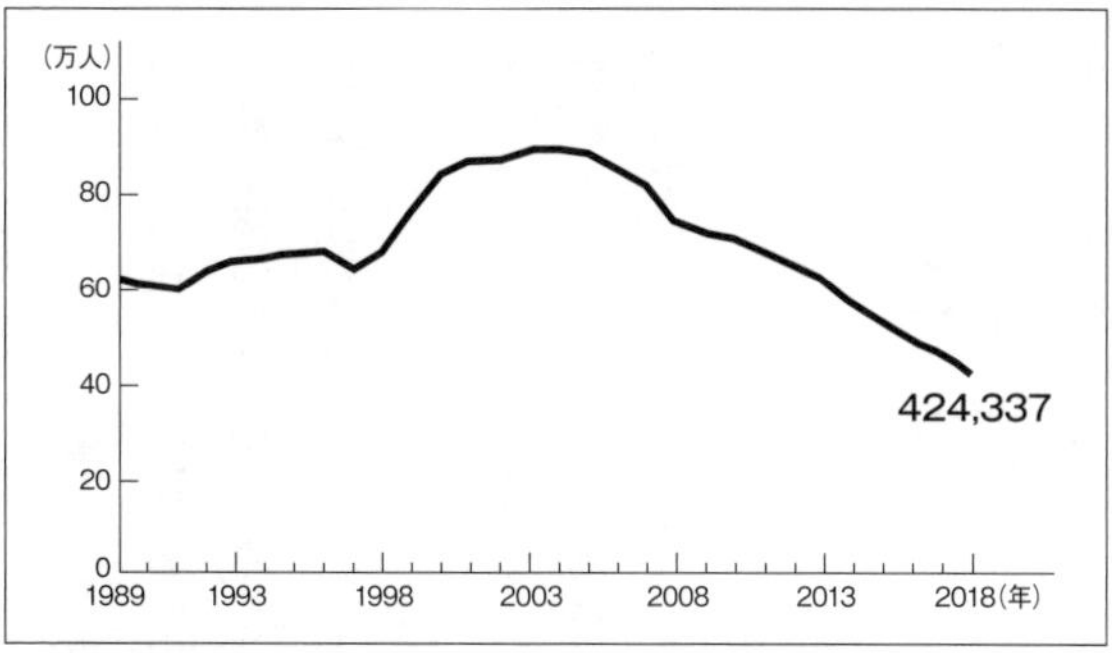

過失運転致死傷等検挙人員の推移
出典：令和元年版 犯罪白書（法務省）（元資料の和暦を西暦に改変）

交通事件 通常第一審における有罪人員の数（2018年）

罪名	総数
危険運転致傷	292
危険運転致死	17
無免許危険運転致傷（6条1項）	12
無免許危険運転致傷（6条2項）	6
無免許危険運転致死（6条2項）	—
過失運転致傷	2,623
過失運転致死	1,352

出典：令和元年版 犯罪白書（法務省）（元資料の和暦を西暦に改変）

26　自動車の運転において過失から人を死傷させた場合、もともとは業務上過失致死傷罪として扱われていましたが、自動車の運転に関するものを別立てにし、過失運転致死傷罪と特に重い過失に起因する危険運転致死傷罪を分け、後者の刑罰を厳しくしたという経緯があります。

原因究明か、責任追及か

では、航空機の操縦はどうなのなのでしょう。直感的に言って、多くの場合、パイロットはよりたくさんの人を、より潜在的な危険の大きい乗り物に乗せ、その操縦の任を預かることになります。自動車の運転免許は社会の中で相当多くの人が保持していますし、それが可能な程度の難易度ですが、航空機の操縦免許はずっと難易度が高く、だからこそ航空機のパイロットは手厚い待遇が得られる職業と見なされています。多くの人は、航空機のパイロットのほうがずっと責任が重いはずだと考えるでしょう。

ところが、交通事故の場合は個人が処罰されて当然とされて、航空事故の場合だと前述のような難しい理屈が出てきて「処罰はよくない」「組織のせいであってパイロットの責任ではない」「実際に国際条約で処罰できないことになっている」などと説明されるわけです。

皆さんが35年間で「唯一」の死亡事故、つまり世の中のほとんどの人には関係ないかもしれないが、それでも起こってしまった重大事故で大切な人を失ったときに、そういう説明を聞いたとしたら、「なるほどそうか」と思ってすぐに納得できるでしょうか。けじめをつける処分がなされなければ、単にパイロットが憎い、恨みに思うというだけではなく、社会から見放されている、顧みられていないと感じることはないでしょうか。

実際、７０６便の事故で犠牲となった客室乗務員の遺族は、機長が責任を取ろうとしないことを裁判の中で強く批判していました。無罪判決のたびに大変不満だと表明しています。二審判決後の遺族の声を伝えた新聞記事には、2人のお子さんたちとともに残された夫の「残念です。誰も責任が問われないなら、妻が死んだのは運が悪かったからなのか」という言葉が引用されています。また、亡くなった客室乗務員の父親は、「不当な判決。娘にはきわめて残念だと報告する」と報道陣の前で憤りをあらわにしたと報じられていました。[27]

事故調査のために、当事者の刑事訴追は控えるべきなのか。それとも、社会正義のために、やはり厳正に刑事訴追が行われなければならないのか。これは大変な難題です。

どちらかが全く正しく、もう一方が全く誤っているという話ではありません。問題にどう関わるか、何に着目し、何を優先するのかによって、どちらの判断もあり得る難題なのです。

実際、先ほど引用した国際民間航空条約が示しているのは「原則」にすぎません。各国とも、それぞれの社会の文化、慣習、歴史、宗教などに鑑みて、事故調査と刑事訴追の間でどのようなバランスを取るのか腐心してきました。

例えば、航空分野に関してアメリカの姿勢は明快です。アメリカでは、故意（パイロットが意図的に航空機を墜落させたなど）またはそれにきわめて近い過失（パイロットが自暴自棄になり、適切な操縦操作を全くしようとしなかったなど）の場合以外は、パイロットの刑事責任は追及されません。もちろん、罰金や資格制限（期限付きの資格停止など）はありますが、過失にとどまる限り

27　朝日新聞（2007年1月9日付）「遺族、無念晴れぬまま　解明いまだ　日航機・乱高下事故、二審も無罪」

は「犯罪者」とはしないという原則をはっきりさせているのです。その代わり、パイロットたちには、事故調査に協力する義務が明確に課されています。

また、こうした原則を実際に徹底するため、航空事故が発生した場合、ＮＴＳＢ（米国国家運輸安全委員会、日本の運輸安全委員会に相当）がＦＢＩ（米国連邦捜査局）などの司法当局に優先して調査を行う権限が定められています。[28]

ただしあくまでも、アメリカは事故調査と刑事訴追の分離を徹底しているもっとも極端な例の一つです。世界的に見れば、両者の完全な分離と全くの未分離の間のどこかでバランスを取って、国ごと、地域ごとに制度や慣習が定められています。

それぞれの国の判断には、それぞれの理由があります。よりはっきりと両者を分離することは、それはそれで立派なことですし、すでに見たように失敗から学ぶ上でのメリットがあることも明らかです。

しかし、「そう簡単には割り切れない。やはり人間が起こしてしまった不幸に関しては、それが故意によるものでなかったとしても、相応の罰や償いによって被害者に報いるべきだ。それがなければ社会の倫理や関係者の責任感を保てない」というのもまた、道理にかなった意見であるように思われます。そうした判断をした国が良くないとは決して即断できません。

また、運輸分野では（残念なことではありますが）事故が歴史的に繰り返されてきたこと、他方で「失敗からの学び」が安全上の大きな成果を挙げてきたことを多くの人が認めていますから、この問

責任追及と事故調査の間の二律背反

題に対する姿勢が法制度などによってあらかじめ明確にされている度合いが高いのです。

他方で、科学技術の他の分野に関しては、必ずしもそうとは言えない場合も多くあります。そもそも、法律に基づく常設の事故調査機関がない分野も多くあるわけです。

「多くの原因が関与し、それぞれ一つずつでは事故は起きない」「それらの偶然の組み合わせのせいで、ごくまれに事故が起きてしまう」「ヒューマン・エラーも関与するが、ほとんどの場合はそれにも組織的な背景があり、個人の問題とは言いがたい」といった組織事故の性質は、この二律背反の不条理をいっそう深刻なものにしています。

28
日本の場合には、事故調査当局は警察に対して調査の優先権は持っていません。両者の関係は覚書の形で定められていますが、現場保存や証拠物件の押収・留置は原則的に警察が行うほか、事故調査はあくまでも「犯罪捜査に支障をきたさない限りにおいて」行うとされていて、実際は警察に優先権がある状況で、これは2008年に運輸安全委員会に改組された際にも抜本的には変わりませんでした（福山2009）。

私たちの社会はこの不条理にどのような答えを出すべきなのでしょうか。次章では引き続きこの問題を取り上げて、そしてさらに、本書の最後の第10章で解決に向けたささやかなヒントになりそうな考え方を見てみましょう。

【参考資料】

ウェブ上で読める一般向けのもの

「日本航空ＭＤ11機乱高下事故」、https://ja.wikipedia.org/wiki/日本航空MD11機乱高下事故、Wikipedia（参照 ２０２０年２月）

より詳しく知りたい方へ

「航空事故調査報告書　日本航空株式会社所属　ダグラス式ＭＤ-11型ＪＡ８５８０　三重県志摩半島上空　平成９年６月８日」、運輸省航空事故調査委員会（１９９９）
https://jtsb.mlit.go.jp/jtsb/aircraft/download/bunkatsu.html#1（参照 ２０２０年２月）

Ｓ・デッカー：『ヒューマンエラーは裁けるか　安全で公正な文化を築くには』（芳賀繁監訳）、東京大学出版会（２００９）

「日本航空７０６便 ＭＤ-11型機事故調査の問題点」、日本乗員組合連絡会（２００９）
https://alpajapan.org/no-4-日本航空706便md-11型機事故調査の問題点/（参照 ２０２０年２月）

「事故調査体制の在り方に関する提言」、日本学術会議（２００５）
www.scj.go.jp/ja/info/kohyo/pdf/kohyo-19-te1030-2.pdf（参照 ２０２０年２月）

福山潤三：「運輸分野の事故調査制度：韓国・台湾の事例」、『レファレンス』、平成21年３月号（２００９）
https://www.ndl.go.jp/jp/diet/publication/refer2009.html（参照 ２０２０年２月）

松岡猛：「事故調査のあり方」、『学術の動向』、Ｖｏｌ・14（９）、ｐｐ・40‐48（２００９）
https://www.jstage.jst.go.jp/article/tits/14/9/14_9_40/_article/references/-char/ja/（参照　２０２０年２月）
「事故調査機関の在り方に関する検討会　取りまとめ」、消費者庁（２０１１）
http://www.caa.go.jp/safety/index5.html（参照　２０２０年２月）

8

組織の責任を問う難しさ

通勤電車の大事故は誰のせいなのか

日常を暗転させる重大事故

２００５年4月25日午前9時18分頃、ＪＲ福知山線（宝塚線）の塚口駅と尼崎駅（いずれも兵庫県尼崎市）の間のカーブで、上り快速列車（7両編成）の前側5両が脱線、特に1両目と2両目は線路脇のマンションに衝突し、原形を留めないほどに大破しました。3両目と4両目も大きく線路を外れて停止しました。乗員・乗客１０７名が死亡、乗客５６２名が負傷する大事故となりました。

死傷者数は平成の時代で最悪（それ以降、本稿執筆時点まで依然として最悪のままです）という、日本の鉄道史上、歴史的な大事故となりました。

また、この事故はいわゆる通勤電車の事故です。一般の人々の何気ない日常、職場や学校などに向かういつもの日と同じような一場面が突然暗転しました。また、かけがえのない命が失われたことの深刻さはもちろんですが、５００名以上という多くの負傷者を出し、その中には後々まで心身の不調に悩んでいる方も少なくありません。それどころか、ご自身は軽傷だったり、あるいは身体的外傷という意味では無事だったりした方の中にも、この列車に乗り合わせて惨状の衝撃を深く心に刻まれた方もおられたはずです。そして、そうした方々の人数が非常に多いということは、そのご家族、ご友人など親しい方々、ひいては社会の多方面にさまざまな影を落としたということです。

「大事故」がなぜ大事故かというのは、単に死傷者の「数」の大小ということだけではなくて、こうした被害の態様（ありさま）の内実も関係しているのです。[29]

「運転士のミス」の裏側

前章でも見たように、大事故が起こり深刻な被害が出た場合に、それが誰かの落ち度によるものであるなら、その責任を追及しなければならないという話が当然出てきます。

この事故の原因を調査した結果、直接的な原因は運転士のミス、具体的には速度超過であるとされました。時速70キロ制限であった現場のカーブに、運転士は列車を時速116キロで進入させていたことが判明しています。速度の超過はきわめて大きく、列車は遠心力に抗しきれずに脱線し、カーブ外側にあったマンションに突っ込んでしまったのです。

では、運転士の責任を問えばよいのでしょうか。

運転士本人も、事故で亡くなりました。ですから、本人になぜ速度超過をしてしまったのか、なぜそれに気付かなかったのか、なぜブレーキを操作して列車を減速させなかったのかなどを問いただすことはできません。とはいえ、細かい事情はさておき、運転士の運転操作に重大な間違いがあったことは明らかですから「この事故は運転士のせいで起きた」としても無理はありません。

しかし、調査委員会の調査結果は、運転士のそうした行動の背景に、運行会社であるＪＲ西日本

29　本書のように過去の科学技術の失敗が生んだ事故を分析的に扱おうとすると、どうしても被害を「数」で捉えがちになりますが、こうした質的な側面も非常に大切です。なぜ、どのように大切なのかは第10章で議論します。

JR福知山線脱線事故の事故現場の空撮写真
出典：時事通信社

の会社組織が要因として関係していたと思われることもまた、明らかにしました。

運転士は若く、経験が浅い人物でしたが、過去に列車の運転でミス（停車位置を行きすぎる「オーバーラン」など）をした際に、日勤教育と呼ばれる懲罰的な指導を受けていたことが明らかになりました。日勤教育はこの運転士に対してだけではなく、ミスを防止し、旅客サービスを向上させるために、社内で広く行われていたのです。

他方で、ＪＲ西日本は旅客サービスの向上の一環として、所要時間の短縮を図るために、ダイヤ改正のたびに「基準運転時間」（ダイヤ通りの運行を確保するために運転士が参照するべき、駅と駅の間の標準所要時間）の短縮を図っていました。重ねてサービス向上の別の面として「定時運行」があり、実際に会社はそれを乗務員に強く要求していましたから、乗務員にとっては余裕がどんどん削られ、運転業務の難易度が上がっていたことになります（次頁資料）。

さらに、万一のミスの際に防護として働くべき安全装置（ATS：列車自動停止装置）の設置が遅れていたことも指摘されました。同社の当初の計画では、現場の区間にはすでに速度超過を防止できる新型のATS（ATS-P）が設置されているはずでしたが、実際には事故直後の2005年6月にずれ込んでいました（139頁表）。

福知山線に設置されていた装置は信号無視を防ぐために、運転士が列車を止めなくとも、赤信号に連動して所定の位置までに列車を停止させる機能を持つだけでしたが、ATS-Pは速度を監視し、現場のカーブのような速度制限区間に速度超過のまま進入しようとした場合にも、自動的に列車を減速させる機能を持っていました。この装置が予定どおりに設置されていれば事故は十分防げた、という解釈が可能です[30]。

他にも、省エネ型の新型車両について安全上の技術的課題なども指摘されました。

つまり、この事故も組織の中でのさまざまな要因が組み合わさって深層防護を破って起きる、組織事故だったと言えます。前章に続いて、組織事故の責任をどう問うのか、そもそも問うべきなのか、という問題が再び浮上するわけです。

30　ただし、新型のATS（ATS-P）は安全性の向上だけではなく、列車の運転間隔の短縮にも役立つもので、列車の増発を可能にしますから、経営上は「旅客サービスの向上」という考えから設置を推進する面もあったと考えられます。また、福知山線に設置されていた旧型のATSも、速度超過を検知する機能自体は備えており、事故現場付近に速度制限を知らせる追加の機器を設置していれば、同等の安全機能を果たしたはずだといいます。

大阪圏輸送

都市の外延化、生活水準の向上にあわせた新快速等の充実、フリーケンシーのアップ、直通運転の充実、接続の改善などを行い、便利なダイヤの実現をはかる。

また、余裕時分の全廃、停車時分の見直し、地上設備の改良等により、スピードアップを行うとともに、(以下略)

昭和 63 年（1988 年）8 月 30 日の JR 西日本の経営会議資料の記載
「鉄道事故調査報告書」（運輸安全委員会）より引用
※フリーケンシーとは列車の運行頻度のこと

余裕時分の全廃

駆け込み乗車の防止及び定時運転の確保を徹底する事により、列車遅延を防止する。

上記会議資料に別紙として添付された資料の記載
「鉄道事故調査報告書」（運輸安全委員会）より引用

	9年3月改正後	14年3月改正後	15年3月改正後	15年12月改正後	16年10月改正後	2.14.5.3に記述する「基本」の「計算時間」	
宝塚駅②〜中山寺駅	5′ 50″	5′ 50″	5′ 40″	3′ 15″	3′ 15″	5′ 41″	3′ 11″
中山寺駅〜川西池田駅③				3′ 10″	3′ 10″		3′ 08″
川西池田駅③〜北伊丹駅	2′ 30″	2′ 30″	2′ 20″	2′ 20″	2′ 20″	2′ 21″	
北伊丹駅〜伊丹駅	1′ 30″	1′ 30″	1′ 30″	1′ 30″	1′ 30″	1′ 31″	
伊丹駅〜塚口駅③	2′ 40″	2′ 20″	2′ 20″	2′ 20″	2′ 20″	2′ 12″	
塚口駅③〜尼崎駅⑥（同⑦）	3′ 10″ (2′50″)	3′ 10″ (2′40″)	3′ 10″ (2′40″)	3′ 10″ (2′40″)	3′ 00″ (2′40″)	2′ 44″ (2′43″)	
計	15′ 40″	15′ 20″	15′ 00″	15′ 45″	15′ 35″	14′ 29″	15′ 07″

※1. 最上行の年は平成を示す。
2. 駅名の右の○で囲んだ数字は、当該駅における着発線又は通過線の線路番号を示す。
3. 網かけ した欄の基準運転時間は、その時期のダイヤ改正で変更されたものである。

207 系電車 7 両編成の快速列車に係る基準運転時間の変遷
出典：「鉄道事故調査報告書」（運輸安全委員会）

歴代社長たちの刑事裁判と無罪判決

事故から4年ほど経った2009年7月、安全担当の副社長（事故当時）だった、山崎正夫社長が、社長在任のまま業務上過失致死傷罪で神戸地検に起訴されました。山崎社長はただちに社長辞任を表明し、裁判が始まりました。

山崎社長は過去に他地区の路線で発生した脱線事故に関して、ATS-Pを設置すれば防止できたという趣旨の発言をしていたことから、自社のカーブ区間でも同様の措置をしなければ危険を生じることがわかっていたはずであり、にもかかわらず、ATS-Pの設置を急がせなかったことには重大な落ち度があると検察は判断したのです。

しかし、2012年1月、神戸地裁は山崎社長に無罪の判決を言い渡しました。

判決はJR西日本のカーブ区間における脱線事故への安全対策は、「我が国を代表する鉄道事業者として期待されるような水準には及んでいなかったというべき」(判決要旨)だとしましたが、他方で、山崎社長に法律上の刑事責任があるかどうかはそれとは別問題だと述べます。

では、どのような場合なら法律上の刑事責任があるかというと、山崎社長が「このカーブは特別に危険があるので、すぐに安全対策を講じないといけない」と具体的に気付く機会があったのに、それをしなかった場合に限られる、というのが裁判官の判断でした。

そして山崎社長の場合、一般論としてカーブにおける速度超過の危険や、それに対するATS-P

の安全上の効果は知っていたであろうが、このカーブで事故が起こると具体的には思えなかっただろうし、だとすれば、このカーブにどうしても早くＡＴＳ‐Ｐを設置しなければいけないとも思えなかっただろうから、法律上の刑事責任がある、つまり犯罪を犯したとは言えず刑罰も与えられないというわけです。

神戸地検は裁判所のこの論理には違法性は見出せず、新たな決定的証拠もないため判断を覆すのはきわめて難しいとして、高等裁判所への控訴は行わず、そのまま山崎社長の無罪が確定しました。

山崎社長以外に、歴代のＪＲ西日本の３名の元社長も起訴されました。こちらはそもそも検察が、山崎社長以上に罪を問うのは難しいと判断して起訴しなかったのですが[31]、検察審査会という一般市民が司法に参加する仕組みによって「強制起訴」されたものです。

強制起訴による刑事裁判の場合、検察官ではなく所定の仕組みで選ばれた弁護士が、検察審査会の判断（それは一般市民の判断ということになります）を重んじます。そのため、こちらの裁判は２回の無罪判決の後、最高裁判所まで争われました。しかし、最高裁判所の判決も、山崎社長に対する神戸地裁の判決と同様の論理を採用しました。

つまり、元社長たちは具体的な危険を知り得る状況にはなかったので、結果が重大で、会社としての安全対策にはもっと高いレベルが期待はされるものの、個人の刑事責任は認められないとしたのです。

路線名	区間	意思決定年月※1	使用開始年月	地上装置
阪和線	天王寺駅～鳳駅間（上り線）		H2.8	全線 P
	天王寺駅～鳳駅間（下り線）		H3.3	全線 P
	鳳駅～日根野駅間	H1.3	H6.5	全線 P
大阪環状線	全線（天王寺駅～新今宮駅間）		H2.12	全線 P
関西線	天王寺駅～新今宮駅間		H2.12	全線 P
	王寺駅～ JR 難波駅間（天王寺駅～新今宮駅間を除く。）	H3.10	H5.2	全線 P
関西空港線	全線	※ 2	H6.6	全線 P
片町線	松井山手駅～鴫野駅間		H7.7	拠点 P
	鴫野駅～京橋駅間	H6.1	H9.3	拠点 P
	京田辺駅～松井山手駅間		H14.3	拠点 P
JR 東西線	全線	※ 2	H9.3	全線 P
桜島線	全線	H9.9	H11.3	全線 P
東海道線	山科駅～神戸駅間（京都駅及び大阪駅を除く。）		H11.3	拠点 P
	草津駅～山科駅間		H12.2	拠点 P
	大阪駅		H12.10	拠点 P
	米原駅～草津駅間	H9.9	H13.3	拠点 P
	京都駅		H14.10	拠点 P
山陽線	神戸駅～兵庫駅間		H11.3	拠点 P
	兵庫駅～西明石駅間		H12.2	拠点 P
	西明石駅～網干駅間		H13.2	拠点 P
福知山線	尼崎駅～新三田駅間	H15.9	H17.6	拠点 P

※1.「意思決定年月」は、P 地上装置整備に係る投資を行うことを同社が意思決定した年月である。
2. 当該線区に係る全線 P 地上装置整備工事は、同社以外により行われた。

JR 西日本における P 地上装置の概略整備状況
出典：「鉄道事故調査報告書」（運輸安全委員会）
※表中の H は平成を示す

31 彼らは山崎社長以上に、このカーブについて具体的な危険を知り得る機会があったという証拠が見つからず、法律に反すると証明できる落ち度があったと検察が判断しなかったためです。

「組織の責任を問う」ことの難しさ

遺族や被害者の中には、誰も責任を問われず、罰を受けなかったことへの憤りや落胆が広がりました。また、裁判所の論理は現場のことには関わろうとしない不熱心な経営者に有利で、積極的に現場に関わろうとする熱心な経営者は万一の事故の際により重く責任を問われかねず、不正義だし安全向上にもつながらない、という批判も出ました[32]。

日本の刑法では業務上過失致死傷罪に関して、会社や政府機関などの組織（法人）そのものを訴追する規定がありません。組織を構成する個人しか訴追できないのです。

ここまでさまざまな事例で見てきたように、現代の科学技術に関連する事故はほとんどの場合、「組織事故」の性質を持っています。であればこそ、その中では多くの人のさまざまな「ミス」が事故の原因となっているのが通例です。現場でのミスだけではなく、経営判断における誤りも根深く関係することもすでに述べました。とはいえ同時に、組織事故には、「それらの原因すべてが不幸に連鎖して初めて事故が起こる」という性質もあり、それは個人の問題というよりも組織文化の問題だという見立ても、前章までに紹介したとおりです。誰かのミスだけを事故全体の根本原因であるかのように責めるのは不当だとも言えますし、前章で述べたように、個人の責任追及を厳正に行おうとすると原因究明を妨げかねない面もあります。

では、そうした問題のある組織文化しかつくれなかった組織全体の責任なのだと考えて、法律を改正して組織そのものを訴追し、処罰できるようにすること（組織罰）も論理的には可能ですし、他国では実例があります。

実際に、福知山線脱線事故の遺族や、他のいくつかの事故の遺族の方々は、日本の刑法の業務上過失致死傷罪に組織罰を設けるよう求める署名運動を行い、法務大臣への申し入れもしています。

これは個人に偏った責任追及の弊害を避けながら責任所在をはっきりさせられる点で重要な提案ですが、その場合も、組織が罰を受けることの不名誉やそれによる損害を回避しようとして、原因究明のための事故調査への協力に消極的になったり、場合によっては隠ぺいや改ざんといった不正に走ってまで過失を隠そうとしたりするかもしれません。組織罰を設ければ問題すべてが解決するというわけではないでしょう。

組織事故の業の深さを現場の「個人のせい」にして済ませてしまうのは確かに問題です。しかし、だからといって、組織やそのトップの責任を問えばよいかというと、そうでもありません。失敗から学ぼうとすることと、被害に報い正義を回復しようとすることが、不幸にも相争ってしまう部分がどうしても残ってしまうからです。社会にとってはそのどちらもおろそかにはできません。

私たちはこの矛盾にどう取り組めばよいのでしょうか。必ず誰もが納得する解決策をすぐに見出すのがとても難しいのは明らかですが、希望を見出せるアイデアが全くないわけではありません。それは最後の章で改めて取り上げることにしましょう。

32 実際、3名の元社長の刑事裁判で検察官役を務めた指定弁護士は、この点を指摘して無罪判決を批判しました。

【参考資料】

広く一般の方にも勧められる書籍

松本創：『軌道　福知山線脱線事故　ＪＲ西日本を変えた闘い』、東洋経済新報社（２０１８）

八木絵香：『続・対話の場をデザインする　安全な社会をつくるために必要なこと』、大阪大学出版会（２０１９）

ウェブ上で読める一般向けのもの

「ＪＲ福知山線脱線事故」、https://ja.wikipedia.org/wiki/JR福知山線脱線事故、Wikipedia（参照２０２０年２月）

一般向けのテレビ番組

「衝撃の瞬間――福知山線脱線事故」、ナショナル・ジオグラフィック・チャンネル（２０１２）

より詳しく知りたい方へ

「鉄道事故調査報告書　西日本旅客鉄道株式会社　福知山線塚口駅～尼崎駅間　列車脱線事故」、運輸安全委員会（２００７）
http://jtsb.mlit.go.jp/jtsb/railway/bunkatsu.html（参照２０２０年２月）

9

3・11複合災害の衝撃

レジリエンス・エンジニアリング論とは

未曽有の大災害の衝撃

2011年3月11日、未曽有の大地震である東日本大震災が発生しました。マグニチュード9・0という巨大地震は、激烈な揺れに加えて、想像を絶する規模の津波を発生させ、東北地方太平洋側沿岸がすさまじい被害を受けました。

想定を超える大津波は、この地域に複数存在する原子力発電所にも押し寄せました。そのうち、東京電力福島第一原子力発電所（福島第一原発）は、事前の想定の2倍以上の、高さ約13メートルの津波に襲われたと推定されています。

津波の海水は福島第一原発の安全上重要な、さまざまな装置を容赦なく使用不能にしました。とりわけ、非常用発電機と電源盤が浸水により動作しなくなったことで、原発が一切の電源を失う、全電源喪失と呼ばれる状況に陥りました。安全を保つ上で必要な装置のほとんどが使用できなくなったために、原子炉の冷却ができなくなり、過熱により核燃料が損傷する炉心溶融が発生。二重に、かつそれぞれ堅固につくられていた容器内の温度や圧力が高まって閉じ込めが次第に破られ、放射性物質が大量に外部に放出されて、周辺地域を汚染しました。

周辺地域ではピーク時で約16・5万人の人々が避難を強いられ、しかも、人々の予期に反してそれは長期化しました。2020年2月現在でも、約3万人の人が避難生活を続けることを余儀なくされています。被害総額は政府推計で約21・5兆円と、これも未曽有の天文学的数字となっています。

また、今では一般にはあまり注目されませんが、同じく太平洋岸にあった東北電力女川原子力発電所、東京電力福島第二原子力発電所、日本原子力発電東海第二発電所も、いずれも津波の被害を受け、さまざまな幸運や関係者の尽力によって救われたものの、一歩間違えば福島第一原発と同様の危機に陥りかねなかったことが明らかとなっています。

50基以上の原発を有し、世界第3位の原子力発電規模を誇り、安全面でも過去のデータでは他国と比べて良好と見なされ、放射性物質を大量に外部に放出する重大事故は起こしていなかった日本での原子力事故は世界に衝撃を与えました。

また、ただでさえ大地震と大津波で広い範囲の地域が甚大な被害を受け、多数の人々が被災した中、損傷した原発での事態の悪化を防ぎ、放射性物質による被ばくというリスクとも向き合わざるを得なかったという点では、「3・11複合災害」はまさに人類がそれまで未経験の試練だったと言っても過言ではありません。

本当に足りなかったものは何か

では、何が未曽有の複合災害を招いたのでしょうか。あるいは、その被害をもっと軽減することはできなかったのでしょうか。

もちろん、地震と津波という自然災害の発生そのものを防ぐことはできません。しかし、地震国である日本では、地震や津波は必ず起こること、無防備なままで起これば甚大な被害が出ることはあらかじめよく知られています。

そして、原子力発電所はそれを知っている私たちが建設し、運用していた施設です。地震や津波に適切に備えないままでは、原子力発電所そのものが持つリスク（具体的には放射性物質による放射線被ばくの健康影響）が牙をむくこともまた、わかりきっていたことです。

ですから後知恵で言えば、3・11複合災害は、わかりきっていたリスクに私たちが十分備えられていなかったから発生し、そして悪化したということになります。言ってしまえば簡単です。

しかし、では3・11複合災害は本当に「防げた」のか。少なくとも本書で見てきたような他の科学技術の失敗と「同じように」防げたのか。そこには議論の余地がありそうです。

この点は、東北地方太平洋沖地震[33]とその津波は、私たちの多くが事前に予期していた規模をはるかに上回っていたという点に関わります。いわゆる「想定外」の問題です。

「想定」の中の安全と「想定外」

私たちが技術の失敗に備えるときには、どのような不都合な事態がその技術を危機に陥れるのかを特定し、その影響の度合いを想定して、システムがそれに負けないように対処するのが通常です。

本書でこれまで見てきた事例もすべて、そうした営みの成否を問題にしてきたと言ってよいでしょう。

そもそも、第1章で畑村の定義を引用して確認したように、失敗とは私たちが「はじめに定めた目的を達成できないこと」を言います。どんな場合でも何も困ったことが起きないことだけが成功で、困ったことが起これば結果論でそれらをすべて失敗と見なす、ということではなかったはずです。

つまり、私たちはある「想定」をし、その範囲内で困った事態が生じないように手を打ち、その成否を問題にするというのが、畑村の言う科学技術の失敗として思い浮かぶ通常の状況です。

しかし、3・11複合災害はまさにそうした意味において、「想定外」の事態でした。地震の揺れの強さも津波の高さも、多くの設計者が「想定」していた規模をはるかに上回っていました。だからこそ、さまざまな建物や施設が大きく損壊し、計り知れないほどの数の家屋や人々が津波に流され、さらには原子力発電所の過酷事故までもが発生したわけです。あらかじめ講じられていた防災の手立ての多くが完全に無効化されたり、大きく効果を失ったりしてしまったのです。

こうした事態は私たちの生命や健康、社会の安寧にとって非常に不都合です。二度と起こしたくないとも思います。

ところが、従来の考え方ではそれは必ずしも失敗とは言えません。なぜなら明らかに「想定外」で

33 「東日本大震災」は災害の名称で、「東北地方太平洋沖地震」はそれを引き起こした地震という自然現象の名称ということになります。言い換えれば「東北地方太平洋沖地震」が「東日本大震災」を起こしたと言えます。なお、「東日本大震災」という言い方には福島第一原発の事故や、(外部への放射性物質の放出はなかったですが)他の原発でも起こった事故も含むという考え方を採る論者もいます。そう考える場合は、「東日本大震災」が本書で言う「3・11複合災害」とほぼ同じ意味と言えるでしょう。

あり、事前の備えの確実さを請け合うべき範囲を超えていたからだということになってしまいます。

これは何か変です。直感的にはやはり私たちが何かを間違っていた、あるいは少なくとも何かが足らなかったと思えますし、事態が起きてしまってみれば今後に向けてできることはさらにたくさんあるように思えます。しかし、それが「失敗」ではないのなら起こったことは仕方がなく、誰のせいでもないしどうすることもできない、とさえなってしまいかねません。

レジリエンス・エンジニアリング

では、「失敗」の定義にさえ見直しを求めるような想定外の事態に対して、私たちはどうすればよいのでしょうか。

3・11複合災害の後、専門家たちは「レジリエンス」と呼ばれる考え方を深め、広げ、特に「安全」の考え方を変えて技術や防災の備えに活かすことで、この問題に対応しようとしてきました。技術を生み出す工学の分野への応用は、「レジリエンス・エンジニアリング」（以降は「RE」と略記）と呼ばれます。

「レジリエンス」とはもともと、弾性力や回復力を指し、物理学、生態学、心理学などで用いられていた専門用語ですが、その着眼点を工学に応用することで「想定」の内か外かに関わらず安全を高めることに役立つ、筋の通った考え方を打ち立てられるのではないかというのがREのねらいです。

従来の安全の考え方では基本的に、機能を損ねかねないような外乱（原発に対する地震の揺れや津波による浸水など）に対して、それが何にどのぐらい影響を及ぼすかを特定して、そうならないように備えます。つまり、外乱を跳ね返しびくともしないようにすることで安全を保とうとしていたわけです。ただ、この際にどんな外乱にも無限に耐えられるようにはできませんから、想定を置いてその範囲内で耐えられるようにしていました。

ところが、この考え方では、想定を超えた場合については安全の備えで検討される範囲外になりがちです。想定を超えた場合について言い出すときりがなく、ものをつくることや使うことなどできなくなってしまいます。さらに、この考え方で困るのは少しでも想定を超える外乱に襲われた途端に、システムが一挙に機能を失い「手も足も出ない」ままにひどい結果を招いてしまうことがある点です。

福島原発事故では実際、津波が防潮堤を超え、敷地を浸水させた途端に、リーズンの言う「深層防護」を構成していたさまざまな安全の手立てが一斉に機能を失い（こうした故障の仕方を「共通原因故障」と呼びます）、原子炉の冷却を続けることができなくなって事故に至りました。

あるいは原発だけではなく、過去の津波の経験から頑健な防潮堤で守られていたはずの東北地方太平洋岸の多くの地域で、津波はあっさりと防潮堤を超えて（または防潮堤を破壊して）街に入り込み、あっという間に人命や財産、そして街の機能そのものを根こそぎに奪っていったのです。

ＲＥでは、想定を置いてその範囲内で機能を１００パーセント維持することを目指すのではなく、想定に関わらず、どんな場合でもできるだけ機能を維持し、そしてなるべく早く、容易にそれが元の

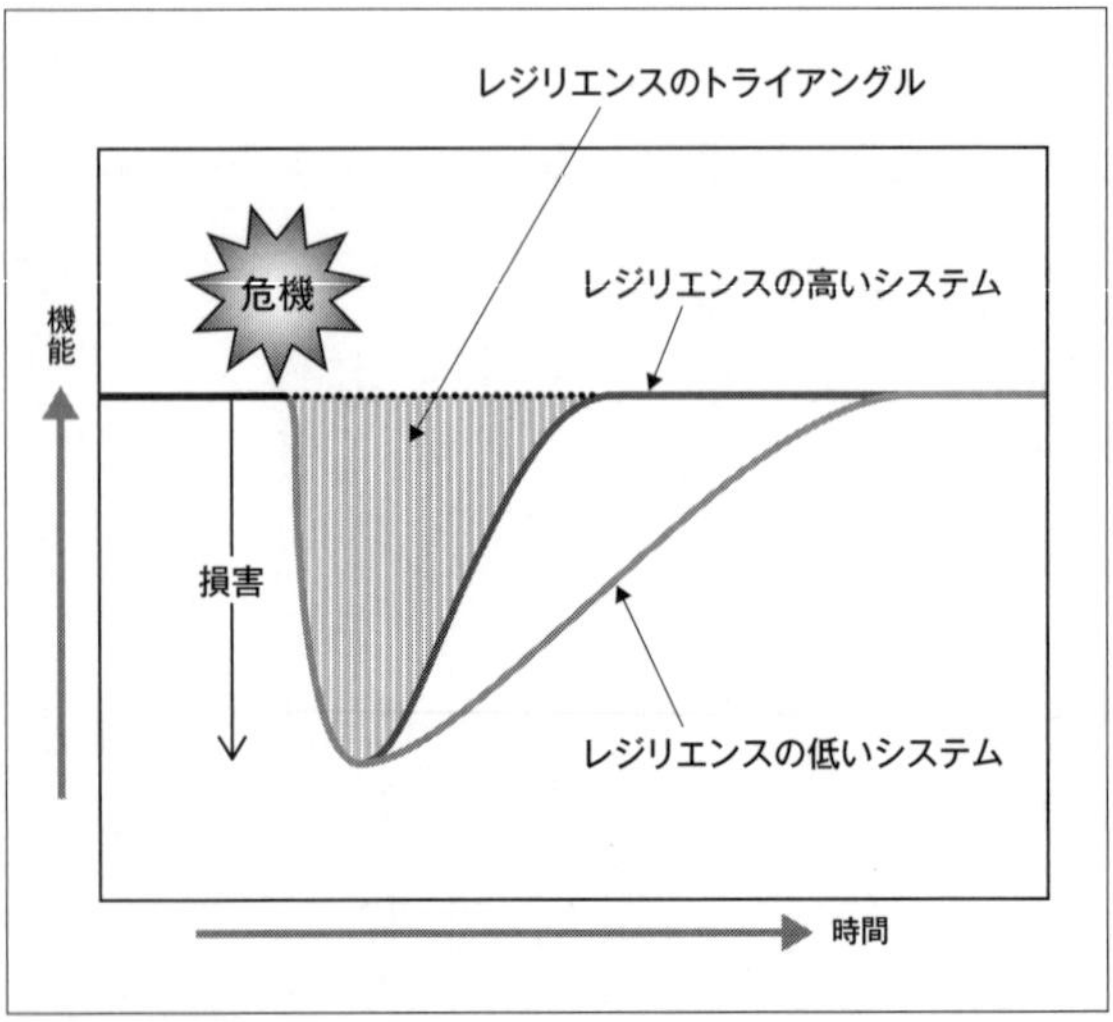

レジリエンスのトライアングル
出典：古田（2017）

状況に回復する力を持つにはどうしたらよいかを問題にします。

言い換えれば、場合によってはある程度機能が損なわれることは承知の上で、その代わり、大崩れして何もできなくなるような状況だけはなんとか避けようというわけです。

また、壊れ方（機能の失い方）がなるべく復旧を妨げる性質のものにならないように工夫しようという意味も含まれます。[34]

レジリエンス・エンジニアリングの具体的なイメージ

しかし、そんなうまい話に実現性はあるのでしょうか。具体的にどのような工夫をすればレジリエンスを高めることができるのでしょうか。レジリエンスを高める方策のイメージがつかめないという読者も多いかもしれません。

ここで大切なことは、機器や建物といった人工物そのものが壊れるかどうかではなく、「機能が失われるかどうか」に着眼することの有効性です。仮にある人工物が壊れても、他のやり方で機能を代替したり補ったりできるのであれば、そういうやり方も積極的に活かそうということになります。

例えば、今日のスマートフォンは夜間など電源に接続されていて、かつ、利用者が操作をしない時間帯に自動的に主要なデータを「クラウド」上にバックアップするようにつくられていますが、実はこうしたやり方は「機能」に着目してレジリエンスを高めるREの考え方と通底します（154頁図）。

筆者が学生だった頃（2000年代）の「携帯電話」は電話番号やメール、写真など、利用者にとって大切なデータを基本的に本体のメモリーにのみ保存していました。万一のデータ異常などに備えて自分も含めた多くの利用者は端末に挿入したメモリーカードに主要データをバックアップしていまし

34　例えば、福島原発事故での電源系統の損傷は、短時間での復旧がきわめて困難な壊れ方で、それを補うために関係者は多大な労苦を投入し、また自らを大きな危険にさらすことになりました。

たが、このやり方はレジリエンスが高いとは言えませんでした。

例えば、携帯電話端末を水没させてしまった場合はどうでしょう。本体もメモリーカードも故障してしまい、結局データは失われてしまう可能性が非常に高かったわけです。

ではどうするか。端末を防水にすれば水没の危険にある程度備えられます。実際、防水性あるいは落下による故障にも備えて耐衝撃性を高めた端末が当時も発売されました。しかし、耐えられる水深などにはあくまでも限りがあります。

また、どんなに頑健な端末を入手してもそれを紛失してしまったらどうなるでしょうか。もちろん、ＧＰＳなどによる位置情報測定である程度は備えられます。しかし、自動的に手元に携帯電話の端末が戻ってくるわけではありませんから、測定不能あるいは回収不能な場所に端末がある場合にはどうしようもありません。

結局、モグラ叩きのように個別の危険に個別の方策で備えても、きりがないのです。「想定」には常に限度があります。

個別の危険ごとに方策を講じるという考え方の何がいけないのでしょうか。携帯電話端末という機器に着目し、何らかの想定を置いた上で、その範囲内であればその機能を常に完全に維持させようとしているためにさまざまな限界にすぐに直面してしまうのです。

付け加えると、当時の携帯電話ではそもそも、バックアップできるデータは電話帳やメール、写真とデータの種類ごとに分かれていて、携帯電話に各利用者が加えた個人設定はバックアップされませんでした。

そもそも、携帯電話の識別情報が店舗にしかない特別な機器によって携帯電話網に登録されていたので、自分の力での復旧をあきらめて修理に出したり、新たに購入したりして携帯電話を置き換える場合には、必ず店舗に出向いて手続きを行わなければなりませんでした。つまり、当時は、当たり前のように使っていた自分の携帯電話の機能を回復させるのには現在よりも多くの手間と時間を要したのです。

ところが、現在のスマートフォンは最新のデータがクラウドに頻繁にバックアップされ、しかもそれには個人設定も含まれている場合がほとんどです。

また、携帯端末の携帯電話網における識別情報はＳＩＭカードと呼ばれるもので移し替え可能ですし、各携帯電話事業者は補償サービスや修理サービスを充実させていて、速やかに代替の端末を入手できるように工夫もしています。ですから、簡単な手続きで速やかに入手した代替機にＳＩＭカードを差し込み、クラウド上の情報を読み込むことで、万一スマートフォンの故障や紛失に直面しても、かつてよりもずっと早く「自分が普段使っているスマートフォンの機能」を回復することができるのです。

また、そもそも、電話番号とメールアドレスだけでやりとりをしていた時代と異なり、現在では多くの人がＳＮＳを利用していますし、その多くは複数の端末から同一のアカウントにログインして、他の人との情報のやりとりができるようになっています。

携帯電話とスマートフォンのイメージ

このため、スマートフォンが故障したり紛失して手元になくなったりしても、連絡の手段が残りやすいのです。「携帯電話」の時代には、正常動作する端末が手元から失われた際に残る代替連絡手段はずっと限られていました。

このように、システムの個別の要素が失われないようにすることではなく、システムが全体として果たしている「機能」に着目して、その維持や回復の方策を考えれば、どんな出来事が起こるかを問わず備えを高められるのです。この例では、私たちが「携帯電話」（あるいはその発展型の「スマホ」）に何よりも強く求めているものは、ハードウェア（携帯電話やスマホの端末）が常に完全な状態で生き残ること以上に、そこで引き出せる情報（電話帳、メール、SNSの記録など）や、それを用いた通信（インターネットとの接続や、通話やテキスト、動画などによる他の人とのやりとり）へのアクセスをなるべく途切れさせないことなのだ、と考え方を切り替えることが重要でした。

これが、REの基本的な「作戦」ということになります。

「臨機応変」ができるのは人間だけ

また、レジリエンスを高めるためには人工物の設計だけではなくて、システムを構成する人間の要素も大切です。

本書ではここまで、人間はシステムにおいてエラーを起こし防護を弱めたり破ったりしてしまう存

アポロ 13 号が無事に着水したことを確認し、喜びに沸く管制室（1970 年 4 月 17 日）
出典：NASA（米国航空宇宙局）

無事に帰還して海上に着水し、米軍艦艇に降り立った直後の 3 人の宇宙飛行士（1970 年 4 月 17 日）
出典：NASA（米国航空宇宙局）

在として描かれてきました。

しかし、考えてみれば、臨機応変な対応によってときには本来定められたやり方とは異なってもシステム機能の低下を防ぎ、回復を早められるのは基本的には人間だけなのです

事故が被害につながってしまった事例がたくさんあるのと同じぐらい、関係者の八面六臂の活躍やとっさの機転によって危機を回避したり、被害を軽減したり、回復を早めたりした事例もまた枚挙にいとまがありません。

REの主な提唱者の1人であるE・ホルナゲルは、レジリエンスを高めるためには、失敗事例の非を分析するばかりではなく、むしろそれよりも危機を救った「成功事例」の要因、とりわけ人間の活躍に着目してそれをシステムに取り入れるにはどうしたらよいかを考えることを促しています（例えば、前頁の写真や次の見開きの、宇宙船アポロ13号の事例）。この点については「組織事故」の考え方を打ち出し、「安全文化」の指針を与えたリーズンもその後、近い方向性の議論を展開してきました。

もちろん、結果論から臨機応変な対応を称賛するだけでは、REの実現のために得るものはそう多くはありません。そうではなく、「なぜそのとき、その人たちは臨機応変な対応ができたのか」という問いに取り組む必要があります。多くの場合、それは危機が訪れたその瞬間以降以上に、危機が訪れる前の個人や組織の取り組みが功を奏していたことが理由になっています。つまり、平素から危機を防ぎ、安全を積極的に高めるためさまざまな工夫をしている個人や組織は、実際の危機においてレジリエンスを発揮できる可能性が高いと言えます。

計になっていたことなどが挙げられます。

NASAはこの事故を“successful failure”（成功裡の失敗）と呼んで大切にしたそうです。

この事例は、レジリエンスは一朝一夕に培えるものではないが、うまくその力を高められれば、人間は深刻な危機を乗り越え得るのだということを示します。

他方で、同じNASAが後に、本書でも取り上げたチャレンジャー号の事故を起こしてしまったことは、組織がそうした好ましい状態を保つことの難しさもまた物語っています。

この物語は映画「アポロ13」（1995）で映像化されました。一部、脚色もありますが、大筋では事実に即した内容で、レジリエンスが発揮された成功例とはどのようなものかがよくわかります。

司令船と月着陸船で形状の異なる空気濾過装置を、船内にあるあり合わせの物品を工作して接続した様子

地上で工作方法を検討し、無線で宇宙飛行士に手順を伝えた。事故発生から生還までは、マニュアルにないこうした工夫の連続であった

出典：NASA（米国航空宇宙局）

宇宙船アポロ13号の事例（1970年4月）

アポロ11号が人類初の月面着陸を成功させて9ヶ月。1970年4月11日、アポロ13号は3機目の月面着陸を果たすため、約38万キロ離れた月に向けて地球を出発しました。

ところが、地球から約33万キロの地点で、地球との往復のための宇宙船の二つの部分のうちの「機械船」と呼ばれる部分で、液体酸素タンクの爆発事故が発生します。

機械船は宇宙飛行士たちが搭乗する「司令船」とあわせて主たる宇宙船を構成します。それらに電力を供給する燃料電池の不可欠の要素で、船内の宇宙飛行士たちへの酸素供給も担う酸素タンクが爆発したのです。司令船は主要な機能の多くを失い、宇宙飛行士たちの生還が非常に危ぶまれました。多くの関係者は生還不能を覚悟したと言います。

しかし、宇宙飛行士と地上の関係者は協力し、次々と問題を乗り越えます。

宇宙飛行士は一部、体調を崩したものの、無事に地球に生還することができました。

本来は月への着陸の際にだけ用いられる目的で接続されていた「月着陸船」を「救命ボート」のように活用するなど、臨機応変の対応を駆使したのです。そうした対応には事前に用意された訓練やマニュアルにはない処置も多く含まれていました。

そもそも、酸素タンクが爆発し燃料電池がすべて使用不能になるということは、あまりにも致命的すぎて事前に予期し備えるのはナンセンスだと思われていたからです。

危機を乗り越えられた背景には、打ち上げを実施したNASA（米国航空宇宙局）が事故を含む過去の経験を蓄積し、そこから学習を続けていたこと、未踏の計画に挑むという元来の組織の使命が、柔軟さを普段から促していたこと、アメリカ中から能力の高い専門家が集い協力する文化を築いていたこと、未知の挑戦に向けて宇宙船が入念な設

第１種の安全と第２種の安全の比較

	Safety-I	Safety-II
安全の定義	悪い方向へ向かう物事ができるだけ少ないこと	できるだけ多くのことが正しい方向へ向かうこと
安全管理の原則	何かが起こったときに、反応し、応答する	事前対策的、発展や事象を予期するように努める
事故の説明	事故は失敗や機能不全が原因で起こる	結果によらず、物事は同じ方法で起こる
ヒューマンファクターの見方	責任	資源

出典：ホルナゲル（2014）

ホルナゲルは、こうした見地に立てば「安全」の考え方そのものが変わってくるとも主張し、安全を「第1種」と「第2種」に分類します（上表）。従来の「安全」の見方では、人々は安全とはある理想的な状態が維持されることだと捉え、それを妨げるのは故障・違反・ミスなどの逸脱だと見なし、そうした逸脱を検出し正常な状態に戻そうと考えます。彼はこれを「第1種の安全」（Safety-I）と呼びました。

こうした考え方だと個人や組織もまた「想定どおりに」振る舞うことを要求されますから、新たな工夫や柔軟な対応などはあまり期待できません。あるいは、仮に危機に瀕して蛮勇をふるって臨機応変な対応をしたとしても、結果が実際に危機の回避や被害の軽減につながれば称賛されるかもしれないものの、裏目に出てしまえば規則や手順からの逸脱だとして処分や非難の対象になってしまうかもしれません。そうなれば、組織の構成員は最初から自発的な工夫をすることを控えるでしょう。

また、「第1種の安全」の考え方に立つと、組織の管理者には安全を損ないかねない逸脱を防止する責務が生じます。それはしばしば、組織の構成員の自発的な工夫をとがめ、抑え込んでしまう方向に作用しかねないのです。

これでは、臨機応変に対応する能力は十分に培われません。

それに対してホルナゲルは、レジリエンスの観点からすれば、安全とは機能の維持に向けて「できるだけ多くのことが正しい方向へ向かう」ようにし続けることだと言い、こうした意味の安全を「第2種の安全」（Safety-II）として区別します。

そこでは、規則や基準を守ったか破ったか、あるいは起こった出来事の結末が良いものだったか悪いものだったかといった結果論で工夫の善し悪しを評価するのではなく、むしろ、人間は工夫をする力と意欲があるものだと考えて、その効果を「正しい方向へ向かうようにし続ける」にはどうしたらよいかを気にするべきだと言うのです。

この考え方に立てば、組織の構成員に日頃からさまざまな工夫をすることが推奨され、臨機応変に対応する素地が培われます。ただしその工夫が安全性の低下につながることになってはいけません（安全上重要な手順の省略による生産性の向上など）から、そこは組織の管理者がきちんと方向付けをして、工夫が良い方向に向くように促せばいい、それが管理者の一番大事な仕事だというわけです。

リーダーたちに求められること

　このように考えると、科学技術のレジリエンスを高めREを実現していくためには、人工物やシステムをつくる際の安全の考え方を変えるとともに、それが使われる現場における安全の考え方も転換する必要があることがわかります。

　そしてそれは私たちの持つ能力や意欲、それらを形にする努力をどのように方向付けるかという問題でもあることがおわかりいただけたでしょうか。

「想定外」にも向き合うためには、現場が今までのやり方でもっと頑張るというだけではなくて、むしろそれ以上に、経営者、管理者、責任者などと称されるリーダーたちがこうした新たな考え方も取り入れて、物事のやり方、進め方を変える必要がありそうです。

　例えば、臨機応変な対応を可能にするためには、安全を高めることにつながる工夫を奨励するのがよいと述べましたが、多くの場合、そのためには時間や人員、財源など（こうした要素を「資源」と呼びます）に一定の余裕が必要です。すでに平常業務を回すだけで手一杯になっている現場にはそうした貢献は求めにくいものです。むしろ、安全性を犠牲にしてでも生産性を高める工夫ぐらいしか当事者には取り組む余地がありません。

　現場に資源を割り当てるのは通常、現場ではなくトップレベルで意思決定を行うリーダーたちです。防護を劣化させ、破ってしまう「潜在的原因」としてもリーズンが挙げたように、リーダーの振る舞いや決定は組織の文化を決定付け、現場の振る舞いを大きく左右します。そのことはＲＥの観点からもやはりきわめて重要だと言えるのです。

本章では、第1種と第2種の二つの安全の考え方を対比的に述べましたが、実際には互いに補い合うのが最善です。そうしたバランスを取ることもまた、組織の管理者であるリーダーたちの役割と言えるでしょう。

【参考資料】

ウェブ上で読める一般向けのもの

「福島第一原子力発電所事故」、https://ja.wikipedia.org/wiki/福島第一原子力発電所事故、Wikipedia（参照２０２０年２月）

E・ホルナゲル「Safety-IからSafety-IIへ：レジリエンス工学入門」（吉住貴幸訳）、『オペレーションズ・リサーチ』、２０１４年８月号、pp.４３５-４３９（２０１４）http://www.orsj.or.jp/archive2/or59-08/or59_8_435.pdf（参照２０２０年２月）

より詳しく知りたい方へ

古田一雄編著：『レジリエンス工学入門「想定外」に備えるために』、日科技連出版社（２０１７）

E・ホルナゲル、D・D・ウッズ、N・ルーソン：『レジリエンスエンジニアリング　概念と指針』（北村正晴監訳）、日科技連出版社（２０１２）

E・ホルナゲル：『Safety-I & Safety-II　安全マネジメントの過去と未来』（北村正晴・小松原明哲監訳）、海文堂出版（２０１５）

J・リーズン：『組織事故とレジリエンス　人間は事故を起こすのか、危機を救うのか』（佐相邦英監訳、電力中央研究所ヒューマンファクター研究センター訳）、日科技連出版社（２０１０）

10

これからの「科学技術の失敗からの学び」のために

「失敗から学ぶ」ことの本当の難しさ

さて、本書ではここまでさまざまな科学技術の失敗、とりわけ、いわゆる「事故」をいろいろと取り上げて、その経験から私たちが何を学べるか、また、どのように学べばよいのかを考えてきました。

もちろん有史以来、人類は常に失敗から学んできました。とりわけ20世紀以降、私たちは失敗から適切に学ぶことで、科学技術がはらむ危うい面を最大限抑え込みながらその便益を享受して、安全で快適な社会を発展させていけることを知ります。

今日の社会は、まさにその積み重ねの上に成り立っています。

また、本書ではそうした「失敗から学ぶ」という作戦が、なかなか思うに任せなくなってきたこともさまざまな角度から検証しました。それには、今日の科学技術そのものの性質、それに関わる私たち人間の行動の特性や組織の振る舞いの性質、社会の仕組みなどが関係していました。失敗がもたらす損害（とりわけ失敗が「事故」として起こってしまう場合の「被害」）の性質もまた、失敗からの学びを難しくしていることにも考えを及ばせました。

ここで大切なことは、そうした「失敗から学ぶ」ことの難しさは、科学技術が発展して複雑になったため、故障や不具合を生じる問題点を突き止めて改善するのが技術的に難しくなった（より高度な知識やコストを要するようになったりした）、というだけには全くとどまらないということです。

それは裏を返せば、技術の改良を重ねるだけでは、科学技術の失敗を著しく減らして損害や被害を防ぎ、それに煩わされることのない社会をつくるには十分ではないということです。

科学や技術が教えてくれないこと

例えば、本書の第7章と第8章では日本で起きた人身被害を伴う乗り物の事故を取り上げました。そこでは、事故の原因を客観的な見地から徹底的に明らかにしようとする事故調査と、関係者に落ち度があるならばその責任をきちんと取ってもらうことで被害に報い、社会正義を回復しようとする責任追及が抜き差しならない形で相克してしまうことを指摘しました。

こうした問題は、技術の不備や未熟を解決しても改善しません。まず第一に、それはすでに起こってしまった被害に関するものですし、加えて、それは人間の心や一人ひとりの人生といった事柄にこそもっとも深い関わりを持つからです。

もちろん、それに応える仕組み、私たち人間の工夫の一つが司法制度です。しかし、それも改め方によっては問題のある部分（誰も罰されない不正義など）を解決できても、別の問題（いっそうの事故調査との相克など）を生んでしまうかもしれないことはすでに指摘しました。

とはいえ、矛盾に手を打たずにいるわけにもいきません。では、どのようにアプローチしてこの問題に取り組めばよいのでしょうか。

おそらく、普段私たちが科学技術について考える際、あまり思いつかなかったり、ときには邪魔にさえ思えたりするようなものの見方や考え方にヒントがあるように思います。例えば、専門的で客観的な見地から「のみ」科学技術の失敗（とりわけ事故）と向き合おうとするのを、あえていったんやめてみるというのはどうでしょうか。

2・5人称の視点

もちろん、きちんとした考えや見通しのないまま、不用意にそう決めてしまうだけでは感情と感情のぶつかり合いばかりを生み出し、問題を解決するどころか悪化させてしまいかねません。

しかし、私たちが科学技術の失敗を何度も経験してきたことは、私たちが人間として、倫理や心構えに関わる難問とどう向き合うべきなのかという問いにも教訓、知恵を与えてくれています。具体的な手がかりはあるのです。

その一つとして紹介したいのが、「2・5人称の視点」という考え方です。

この言葉は、長年にわたって多くの事故や災害を取材してきたノンフィクション作家の柳田邦男が、他方で自身の家族に起きた個人的な経験からの教訓も踏まえて、事故や災害と向き合うときに大切なものの見方として提唱しているものです。

柳田は57歳のときにご子息が交通事故に遭い、脳死状態と判定されました。家族としてそれを死として受け入れるかどうか判断し、そしてその結論を医師に伝えなければならないという極限の状況に置かれたのです。

柳田はその経験と、哲学者のV・ジャンケレヴィッチが唱えた「死の人称性」という考え方を結びつけます。「人称性」とは、どのような立場から物事を見るかという意味です。皆さん、義務教育で英語を勉強しはじめたときに、「私」が1人称、「あなた」が2人称、「彼（ら）」「彼女（ら）」「それ(ら)」などは3人称と学習されたと思います。ある物事への関わり方の違いのことを人称性といい、それを私たちは区別しているのです。

息子さんが事故に遭われたとき、すでに柳田は事故や災害を取材してきた経験豊富なジャーナリストでしたから、多くの事故とその被害者、その家族などの様子を間近で見てきました。しかし、当たり前と言われてしまえばそのとおりですが、柳田はその日初めて自分が重大人身事故の被害者の家族となり、専門家として客観的に被害と向き合うことと、当事者として被害に向き合うことは全く意味が違うことに本当に気付いたというのです。

実際、若い頃に相次ぐ航空事故を取材していた柳田は、本書でも紹介した責任追及が事故調査を通した再発防止に及ぼす悪影響を問題視して、日本でも両者を明確に分離し人々もそのことを理解するべきだと主張していたと言います。

しかし、専門家の客観的な視点（3人称）から見ればそれがいかにもっともなことでも、当事者（1人称や2人称）にとっては到底、手放しで受け入れられる考えではありません。柳田は事故の被害者である息子さんの家族であるという2人称の視点に、不意に、しかし否応なく身を置くことになり、改めて両者の間の溝の深さを悟ったのでした。

では、両者は金輪際結びつけられないのか。対立し続けるしかないのか。それではあまりにも悲しいですね。

そこで柳田がこの相克を乗り越える方法として提案したのが、「2・5人称の視点」なのです。

専門家といえども1人の人間であり、彼らが専門的・客観的見地に徹するのはあえてそうしているにすぎません。例えば、航空事故の専門家が航空事故の被害を前にして悲嘆に暮れるばかりでは、事故調査はできません。彼らは自らの専門性と訓練や経験を活かして、あえて冷静沈着に振る舞い、事故の原因へと迫っていきます。

しかしその際、今度はそれが当たり前になりすぎると、被害者や当事者には彼ら専門家がとても遠い存在に感じられてしまいます。専門家は経験豊富であるがゆえに、感情をコントロールして、あたかも淡々としているように事故を見つめ、語ることができますが、初めて自分の身の上、あるいは身の回りで起きた重大事故の被害に直面した人々には、それはあまりにも冷淡で無慈悲に映りかねないのです。

そこで、専門家であること、専門性や客観性を重視することを全く止めてしまうことはないけれども（そもそも、当事者自身ではないので不可能だけれども）、人として当事者の置かれた状況や心情を理解し、その観点を加えて判断や行動、発言してはどうかというのが柳田の提案です。

つまり、「もし自分が（あるいは家族や大切な人が）事故にあっていたら」という見方を取り入れたときに、専門家として何をするべきかを考える視点、それが「2・5人称の視点」なのです（次頁図）。

「2.5 人称の視点」のイメージ

事故を記憶すること、事故と向き合い続けること

柳田が「2・5人称の視点」が一定の意義を持った例として挙げるのが、日本航空の事例です。

1985年8月12日、ボーイング747型機で運航されていた日本航空123便は、東京、羽田空港から大阪、伊丹空港に向かう途中で後部圧力隔壁と呼ばれる部品が大きく破損した結果、垂直尾翼の大半と油圧操縦系統をすべて喪失し、いわゆる「操縦不能」に近い状態で30分ほど迷走飛行を続けた後、群馬県の山中に墜落しました。乗員・乗客520人が亡くなる日本史上最悪、世界の航空史上でも最上位の大事故でした（日本航空123便事故、俗に言う「日航ジャンボ機墜落事故」）[35]。

この事故の経緯や原因の詳細は、それだけで何冊も本が出ている事例ですから、本書ではあえて立ち入りませんが[36]、「2・5人称の視点」が活かされたのはそれよりもずっと後、2000年代に入ってからのことです。

日本航空は事故調査の終了後も事故機の残骸を保管し続けていましたが、2000年代に入るとその処分を検討していました。「3人称の視点」、つまり専門家の視点からすれば、事故原因の調査が完了し事故発生から15年以上も経過した事故機の残骸にはもはや大きな意味はありません。

しかし、「1人称」や「2人称」の視点、この場合で言えばたくさんの被害者の遺族の視点からすれば、事故機の処分は専門家らの視点とは全く違う、非常に否定的な強い意味を持ち得ます。

例えば、「形見のような存在でもある残骸を捨ててしまえるなんて、許せない」とか、「社会でも、

会社でも、事故を直接経験していない若い世代がどんどん増える中でそんなことをすれば、事故の記憶の風化がますます進み、安全の戒めが失われるのではないか」とか、さらには、「会社は自分勝手に事故をさっぱり水に流してしまって、現在の顧客・利用者にあたかも非の打ち所のない安全実績を持つ航空会社であるようにみせかけようとしているのではないか」といった疑念まで生じかねないわけです。そして実際にこうした抗議、憤りの声が遺族会などから会社に寄せられていたと言います[37]。

折しも、日本航空は重大事故につながりかねない安全上のトラブルを続発させ、監督官庁の国土交通省から2005年に業務改善命令も受けていました。

そこで、当時の経営陣は、柳田を座長とする「安全アドバイザリーグループ」を設置し、対応策の助言を求めます[38]。アドバイザリーグループが提案したのは、123便の残骸を廃棄するどころか、公開の施設をつくって展示するということでした。

35　世界の航空史上においても、単独機が起こした事故の死者数としては2020年3月現在も第1位（最多）のままです。
36　ただし、「後部圧力隔壁」の破損の原因がコメットの事故で問題となった金属疲労であり、修理ミスによってそれが見逃されたまま進行したこと、その背後にはさまざまな組織要因があったこと、「後部圧力隔壁」の破壊が共通原因故障を生じて操縦系統の深層防護をいとも簡単に破ったことなど、本書で扱ったさまざまな事柄との共通性が多いことだけは指摘しておきましょう。
37　さらに言えば、筆者は「残骸」という言葉を使いましたが、それ自体、例えば遺族の方々にとってはきわめて残酷な響きを持つ言葉であるはずです。言葉を使う側には他意はないとしても、立場が異なれば言葉の持つ意味は異なるのが当然なのです。
38　「アドバイザリーグループ」には、「失敗学」の提唱者の畑村洋太郎も委員として加わっていました。

安全啓発センターの展示物
横方向に並べられている大型の物体は、当時回収された事故機の垂直尾翼の残骸
出典：時事通信社

日本航空がその提案を受け止めてつくったのが、「日本航空安全啓発センター」です。同センターには、123便の主要な残骸や被害者の方々の遺品、事故の解説、さらには日本航空が関係する他の航空事故に関する資料が収蔵、公開されています。同社の社員たちの研修施設としてはもちろん、一般の人々にも公開されており、私たちもそうした現物や資料に接する機会を持つことができるのです。

こうした取り組みは、航空安全を狭い技術的な視点から見るならば、あまり意味がなく思えることかもしれません。また、組織の安全文化のための施設なのであれば、少なくとも社外への公開は不必要ではないかという感想を持つ人もいるでしょう。

しかし、このセンターの最大の意義は、専門家の集まりであり同時にいわば「加害者」の立場でもある同社が、事故と向き合い続けることを行動で示した点にあります。事故から何を得て、今後の安全の

ために どういう積極的な姿勢、行動を示そうとしているのかを、事故のすべてをもっとも雄弁に物語る現物を中心に据えて、社会に発信し続けることとしたという点が「2・5人称の視点」からは非常に重要です。

そして、その決断は、遺族全員のすべての苦しみを癒やしたとは言えなくとも、多くの方々にとって、一定程度には肯定的に受け止め得るものでもありました[39]。

なぜなら、科学技術に関する重大な失敗の被害を受けた人々の多くは、当事者や社会がそのことを忘れず心に刻み、「その悲劇を無駄にしない」努力を続けることを何よりも強く願っているからです。

こうした施設を公開の形で設置することは、当事者の企業はもちろん、私たちが社会全体として事故の記憶を留め、学び続けることにつながり得ます。大切な人々を失った悲嘆は容易に癒えるようなものではありません。しかしそれでも、こうした取り組みは事故の被害を「無駄にしない」ために大きな役割を果たし得ると、認めてくれた方々がおられたのです。

この施設では、公式の事故調査で認定された専門的・客観的な事実をねじ曲げたり、過度に簡略化したりということは全くありません。「3人称の視点」は何ら犠牲にはしていないのです。加えて、残骸を施設に並べる、公開する、会社にとって不都合なことも含めて事実をありのままに説明文に記

39　初めてのひとり旅で搭乗したご子息の健くん（当時9歳）をこの事故で亡くされ、長年、遺族会の会長を務めてきた美谷島邦子は、安全啓発センターの設置を日本航空が「事故を『忘れたい』から『忘れない』に方針を変化させた」（美谷島2010）出来事だとして、「遺族たちの思いが、ようやく叶った」（同）ものだったと述べています。

述する、そしてそのすべてを社員や一般の人に見てもらうというのは、「1人称」「2人称」の見地を取り入れ、事故が人間や社会にとって持つ意味を考えた結果の決断です。ですから、この施設をつくり、運営し続けていることそのものが「2・5人称の視点」の一つの表現だと言えるのです。

この時期以降、この事例の他にも、運輸安全委員会が正式な業務の中に被害者への親身な対応の充実を取り入れるなど、「2・5人称の視点」は少しずつですが、公的な仕組みにも取り入れられはじめています。[40]

決めるのは私たち：何が本当に大切なのか

とはいえ、前節で紹介した例は、社会全体で見ればまだ例外的なものと言わざるを得ません。「2・5人称の視点」を具体的にどのように科学技術の失敗との向き合い方に活かすのが一番良いのかは、まだ十分には議論されていないのです。例えば、運輸分野以外の科学技術の失敗に関しては、公的な機関や専門家の集団（例えば学会など）がこうした考え方を公式に取り入れた例はまだほとんど見られないのが実情です。

また、「2・5人称の視点」は原因究明と責任追及の相克を和らげる一定の効果は持つでしょうが、それでも、両者の間の緊張関係が一挙に解消するわけではありません。

第7章で取り上げたような公式の事故調査と刑事裁判との関係についても、その後も日本では何も具体的な決定や合意がなされていません。特別な法律の整備などが行われたわけではないのです。もし不幸にも次の航空人身事故が発生した際に、どのような扱いになるかについての決まりごとは、当時と特に変わりないままなのです。

こうした問題は、専門家に聞けば答えが出る問題ではありません。社会全体の約束事として決める以外にはないのです。社会におけるさまざまな議論を経て、法律や制度として公に仕組みを整える必要があります。そしてそれは、実は技術的な安全策、つまり「失敗から学ぶ」ことの専門的な面についても同じことが言えます。

ある失敗から学んだとしても、その教訓をどう活かすのか。例えば、どこまで装置を頑健にしたり、予備を用意したりするのか。主にレジリエンスの考え方で対応する場面や分野と、従来の安全の考え方で対応すれば十分な場面や分野をどう線引きするのか。いわゆる「安全性」をどこまで求めるのか。それらを考えるときにはもちろん、科学的・技術的な専門性が不可欠ですが（さきほどの言い方で言えば「3人称の視点」）、私たちが何を大切にし、どのような結末を避け、どこに優先的に力を注ごうとするのかは、結局のところ、私たちの生き方や好ましいと思う社会のありよう（それはより「1人称の視点」「2人称の視点」に近い議論です）によってしか決まらないのです。

40　第8章で取り上げた福知山線脱線事故に関して、負傷者の方々自身が事故の被害や原因企業、そして社会と向き合う様子を描いた本として、八木絵香『続・対話の場をデザインする　安全な社会をつくるために必要なこと』（大阪大学出版会、2019）があります。事故をめぐるさまざまな立場の視点を複眼的に理解し、事故との向き合い方について考えを深める上で参考になります。

つまり、「2・5人称の視点」は、被害や当事者と向き合う場面だけではなくて、科学技術の失敗と向き合うことの全体に関わる、大切なものの見方だと言うことができます。

何かが起きてからではなく、何かが起きる前に

そしてもう一つ大切なことは、そうした見地に立った上での世の中での相談や取り決めは、次の大きな失敗が起きてからではなくて、「今のうちに」やっておくべきだということです。科学技術に関する大きな失敗を社会が経験している最中や直後はしばしば、議論は混乱の中で行われざるを得ません。とりわけ、本書の後半で問題にしてきた、客観的な原因究明に主眼を置いた「失敗からの学び」と、社会正義の回復のための責任追及の間の関係について、科学技術の失敗の結果が「被害」として生じた後に取り決めるのは非常に困難になります。どうしても「処罰か、免責か」の間のせめぎ合いといった様相を呈さざるを得ないからです。そして、どのように取り決められたとしても、特に当事者として関わった人々を中心に深いしこりを残すことになりかねません。それは誰にとっても非常に不幸なことです。少なくとも、よりよい「失敗からの学び」につながるとは全く思われません。

もちろん、何も災厄に見舞われていないうちに「もし、航空機が墜落したら……」とか、「原子力発電所が大事故を起こしたら……」と考えるのは愉快なことではありません。

また、本書ではほとんど取り上げられませんでしたが、今日発展めざましい、医療や生命の分野の

科学技術、あるいは情報に関する科学技術など、これからいよいよ社会に新たな技術として登場するものがたくさん想定される分野に気を配る必要もあります。それらについてそうした「不幸な出来事」を考えるのはもっと気が引けるかもしれません。また、そういう新しい技術分野ではまだ私たちの知識や経験が非常に限られており、どのような失敗が起こり、どんな結果を引き起こし得るのかを考えることそのものが大変難しい場合もしばしばです。

それでもやはり、私たちは「今のうちに」、将来起こりうる失敗とどう向き合うかについて、相談しておく必要があると筆者は考えます。

そうした習慣を社会全体として身につけておくことが、21世紀の科学技術の失敗と向き合い続ける私たちには、どうしても必要なことだと思うからです。何かが起こってしまってから、それこそ失敗することそのものが「想定外」のことであるかのように振る舞うというのでは感心できません。分野を問わず、21世紀の科学技術は、一層の発展を遂げて私たちに目を見張るような恩恵をもたらすと期待されますが、他方でますます複雑な性質を持つようになり、本書で紹介したさまざまな悩みもまた、いっそう深まらざるを得ないはずです。そのことはすでに十分予想できることで、決して「想定外」のことではありません。

今後とも、私たちが科学技術の失敗から学び続けたいと願うのであれば——それはおそらく、私たちが適切に科学技術を用い、その恩恵を役立て続けたいと願うことと同じだと思いますが——普段からそれに正面から向き合う姿勢が不可欠なのです。

本章は何かそのためにすぐに役立つ「答え」のようなものはほとんど示していないと思います。むしろ、「ああ言えばこう言う」というように、議論の風呂敷を広げるだけ広げて放り出しているように思うかもしれません。しかし、科学技術の失敗と向き合うためにはどうすればよいのかは「誰か」が決めてくれる話ではないのです。決めるのは皆さんであり、筆者自身であり、つまり「私たち」なのです。本書で紹介したさまざまな事例や考え方が、そのために役立つ材料となれば、筆者にとっては望外の喜びです。

【参考資料】

広く一般の方にも勧められる書籍

美谷島邦子：『御巣鷹山と生きる　日航機墜落事故遺族の25年』、新潮社（２０１０）

柳田邦男：『言葉の力、生きる力』、新潮社（２００５）

八木絵香：『続・対話の場をデザインする　安全な社会をつくるために必要なこと』、大阪大学出版会（２０１９）

ウェブ上で読める一般向けのもの

「高い安全水準をもった企業としての再生に向けた提言書～安全を確保する企業風土の創造～」、日本航空 安全アドバイザリーグループ（２００５）
https://www.jal.com/ja/flight/safety/pdf/advisory_001.pdf（参照 ２０２０年２月）

「新提言書　守れ、安全の砦～危機のなかでこそ問われる一人ひとりのモチベーション～」、日本航空 安全アドバイザリーグループ（２００９）
https://www.jal.com/ja/flight/safety/pdf/advisory_002.pdf（参照 ２０２０年２月）

「この解説書の大きな意義～納得感のある開かれた事故調査への一歩～」、柳田邦男（２０１１）
https://www.mlit.go.jp/jtsb/kaisetsu/nikkou123-kikou.pdf（参照 ２０２０年２月）

八木絵香：「『第三者による検証』という言葉をとらえ直す　事故や災害の検証を行うべきは「誰」なのか」、『ＳＹＮＯＤＯＳ』、２０１３年10月17日、http://synodos.jp/society/5900（参照 ２０２０年２月）

あとがき

本書は、筆者が東京電機大学工学部・工学部第二部・未来科学部・システムデザイン工学部の共通教育科目（人間科学科目）である「失敗学」を8年間にわたって担当し、学生の皆さんとともに科学技術の失敗について、工学と社会科学を（ときにはさらに人文学をも）またぐ学際的な考察を試みてきた蓄積を土台にして書かれました。

本書を世に送り出すにあたり、まず何よりも、8年間の多くの履修者の皆さんに感謝申し上げたいと思います。工学のさまざまな分野を志す中で、こうしたテーマに興味を持ち、人文・社会科学の知見や視点も含めて学ぼうという意欲のある人たちがたくさんいてくれたからこそ、筆者もこのテーマについて多様な人々とともに考えるための材料を集め、どのようにそれを眺めればよいのかを考え続けることができたのです。

また、そうした学びの機会を設けてくれた所属校と同僚の方々にも御礼申し上げねばなりません。ありがとうございました。

幼い頃から科学や技術に興味を持っていた筆者は、本書でも取り上げた日本航空123便事故（1985年）やスペースシャトル・チャレンジャー号爆発事故（1986年）、そして本書では取り上げませんでしたが、チャレンジャー号の事故のわずか3ヶ月後に起きた旧ソ連チェルノブイリ原発事故を立て続けに「目撃」しました。

もちろん、幼稚園児の頃の出来事ですから、専門的な詳しいことはわかりませんでした。しかし、自分がそれらのことになぜか強い興味を惹かれたことは覚えています。

当時、家の居間の窓の上に、スペースシャトルの写真が飾られていました。発射台に据えられたその姿は、幼い私には大変魅力的でした。おそらく、1985年に開かれた国際科学技術博覧会（つくば万博）を訪れた際に両親が購入してくれたのだと思います。

科学技術の発展が誰にもまぶしかった時代のことです。今思えば、当時の日本は空前の好況に沸いていたということもあったのでしょう。自分たちも宇宙に旅行する時代が訪れるという夢が、もしかすると2020年の現代よりもずっと身近だったように思います。

そんな時代に、立て続けに科学技術の大きな事故が起きたのです。衝撃は子どもの目にもひとしおでした。居間の写真で雄姿を見せるチャレンジャーがあっけなく分解する様子を、テレビは繰り返し流していたと思います。まだ人の死の意味がよく理解できていなかった年齢でしたが、乗組員が皆、亡くなったということも見聞きしたはずです。

日航ジャンボ機の事故もそうでした。周囲の大人たちが悲劇を嘆く様子に、人々の期待を大きく裏切る、起こってはいけないことが起きたことを感じていたのだと思います。幼い私は強い印象を受けました。当時の私は旅客機の玩具を手に、得意げに事故のことを大人に話して聞かせていたと、両親が後に教えてくれました。

もちろん、それから成長する間、ずっとそのことばかりを考えていたわけではありませんでしたが、どうしても私には「なぜ優秀な人々が知力を振り絞り、人事を尽くした科学技術が失敗するのか」が気になっていたように思います。

私はよく物事を理路整然と理解し、語ろうとしすぎて、両親から「世の中はそんなに理屈通りにはならない」とたしなめられました（今もその性分はそのままかもしれませんが……）。

他方で、学校へ行っても新聞を開いても、「科学は大切だ」「技術はそれにより発展する」「論理性が重要だ」「そして社会のさまざまな問題を解決しよう」というメッセージがあふれていました。やはり「理屈」は大切だし、世界はそうあるべきだ、というわけです。

「理屈通りの世界」と「理屈通りではない世の中」。そして、「万能な科学技術」の理想と「科学技術の失敗」の現実。

何かが一見すると矛盾にしか見えない二つのことをつないでいるはずです。

残念なことに（?）、その後の私は理数系の勉強を怠り、大学にはいわゆる「文系」で入学することになりました。そして、そうした二律背反が顕著になる分野の最たるものとして、原子力について社会学の見方から取り組んでみることにしました。もしかすると、科学や技術そのものだけではなくて、人々がつくる世の中の仕組みも、この矛盾に関係しているかもしれないと考えたからです（ちょっと後知恵が入っていますが……）。

それからいろいろなめぐり合わせと出会いがあり、今日に至っています。その間には、本書でも取り上げた福島原発事故もありました。あたかも子どもの頃から「この道一筋」のように書いてきましたが、そんな私も、まさか自分が取り組んでいる分野で、しかも日本国内で、本当に大事故が起こるとは思っていなかったことを告白しなければなりません。どこか「わかったような気になっていた」けれども、実際には何もわかっていなかったのです。そのことの悔悟は筆者の中に今も深く刻まれています。

そしてその後、ご縁あって、現在所属している大学で、科学技術の失敗について学生の皆さんと勉強を続けることとなりました。それは、自分の慢心を戒め、改めて学び直すのにこの上ない機会となってきました。改めてそのことへの感謝を述べたいと思います。

最後に、本書は多くの方々の学恩に支えられて生まれたことも皆さんにお伝えしなければなりません。

大学の学部時代から教えを受けてきた東京大学名誉教授の松本三和夫先生、私が駆け出しの大学教員だった頃から、先輩風を吹かせる私に実は逆に多くのことを教えてくれた、関西大学社会安全学部准教授の菅原慎悦先生のお二人には、特にお名前を記して心から感謝申し上げたいと思います。

また、本書の執筆を強く勧めてくださったオーム社の村上和夫氏、いろいろな無理を容れて本書を編集くださった津久井靖彦氏の両氏のご助力がなければ、本書が世に出ることはありませんでした。深く御礼申し上げます。

その他、お名前は挙げきれませんが、本当に多くの方々にお世話になり、さまざまなご縁があって、研究・教育活動を続けることができました。この場を借りて御礼申し上げます。

そして、そんな私を「放し飼い」にし続けて、陰に陽に支えてくれた家族にも、改めてありがとうと伝えたいと思います。

２０２０年３月９日

著者記す

索引

■あ行

■か行

■さ行

■ま行

■や行

■ら行

〈著者略歴〉

寿 楽 浩 太 （じゅらく　こうた）

1980年千葉県生まれ。2003年東京大学文学部卒、2008年東京大学大学院学際情報学府博士課程単位取得満期退学。博士（学際情報学）。

東京大学大学院工学系研究科原子力国際専攻特任助教、東京電機大学未来科学部人間科学系列助教を経て、東京電機大学工学部人間科学系列准教授（現職）。

専門は、科学技術社会学、エネルギー技術社会論。現在の研究テーマは、高レベル放射性廃棄物処分問題、リアルタイム被害予測システムの防災活用問題など、原子力をはじめとする先端科学技術のリスクと専門知、社会的意思決定の関係。さらに、広く科学技術のリスクや失敗と社会の関係を探究。

共編著に*Reflections on the Fukushima Daiichi Nuclear Accident: Toward Social-Scientific Literacy and Engineering Resilience* (Springer)、共著に『原発　決めるのは誰か』（岩波ブックレット）など。

本文イラスト：黒淵かしこ

科学技術の失敗から学ぶということ
リスクとレジリエンスの時代に向けて

2020年6月9日　　第1版第1刷発行

著　者　寿楽浩太

発行者　村上和夫
発行所　株式会社 オーム社
郵便番号　101-8460
東京都千代田区神田錦町3-1
電話　03(3233)0641(代表)
URL　https://www.ohmsha.co.jp/

組版　トップスタジオ　　印刷・製本　三美印刷
ISBN978-4-274-22566-6　Printed in Japan

量子コンピュータで変わる世界はもう目の前に！

量子コンピュータが変える未来

寺部雅能
大関真之 共著

CONTENTS

定価（本体1600円【税別】）／四六判／346頁

このような方におすすめ

- 量子コンピュータの導入を検討している企業・機関の技術者、システム開発者、商品開発にたずさわる方
- 量子コンピュータの研究にたずさわる大学学部生、院生、研究者
- 10年後の社会の姿をおさえておきたいビジネスマン
- 量子コンピュータに興味はあるけど難しい本ばかりで挫折してしまった方
- 先進的な取組みを行う企業に興味のある学生

もっと詳しい情報をお届けできます．
◎書店に商品がない場合または直接ご注文の場合も右記宛にご連絡ください．

ホームページ https://www.ohmsha.co.jp/
TEL／FAX TEL.03-3233-0643 FAX.03-3233-3440

（定価は変更される場合があります）

B-1908-89

関連書籍のご案内

ストーリーを楽しみながら Pythonで機械学習のプログラミングがわかる！

好評のシリーズ第3弾！

Pythonで機械学習入門

深層学習から敵対的生成ネットワークまで

大関 真之 著
定価（本体2400円【税別】）／A5判／416頁

お妃様と鏡の問答で面白く、わかりやすく機械学習を学べる！

ITエンジニア本大賞 2018 技術書部門 大賞受賞！

機械学習入門

ボルツマン機械学習から深層学習まで

大関 真之 著
定価（本体2300円【税別】）／A5判／212頁

待望の第2弾、楽しいストーリーで難解なベイズ理論が理解できる！

ベイズ推定入門

モデル選択からベイズ的最適化まで

大関 真之 著
定価（本体2400円【税別】）／A5判／192頁

もっと詳しい情報をお届けできます.
◎書店に商品がない場合または直接ご注文の場合も右記宛にご連絡ください.

ホームページ https://www.ohmsha.co.jp/
TEL／FAX TEL.03-3233-0643 FAX.03-3233-3440

（定価は変更される場合があります）

F-1907-259